普通高等教育 软件工程 "十二五" 规划教材

12th Five-Year Plan Textbooks
of Software Engineering

Web 前端开发技术
实践指导教程

王刚 ◎ 主编

潘正军 肖佳 ◎ 副主编

U0351709

The Practice for Web
Front-end
Development Technologies

人民邮电出版社

北京

图书在版编目（ＣＩＰ）数据

Web前端开发技术实践指导教程 / 王刚主编. -- 北京 : 人民邮电出版社，2013.9（2018.9重印）
普通高等教育软件工程"十二五"规划教材
ISBN 978-7-115-31925-8

Ⅰ. ①W… Ⅱ. ①王… Ⅲ. ①网页制作工具－高等学校－教材 Ⅳ. ①TP393.092

中国版本图书馆CIP数据核字(2013)第214752号

内 容 提 要

本书为《Web 前端开发技术——HTML、CSS、JavaScript》（ISBN 978-7-115-31926-5）的配套实践指导教程。同时，本书每个实验都配有内容简洁而体系完整的知识点介绍，也可以单独使用。本书从初学者角度出发，通过通俗易懂的语言、丰富多彩的实例，详细介绍了使用 HTML、CSS 和 JavaScript 进行静态网站开发的全部技术。

本书共分为 4 部分。第一部分为 Web 基础技术实践，主要讲解 HTML 知识的实践应用，内容包括 HTML 头部标记及主体标记的使用，文字、段落、列表及图片标记的使用，超链接与多媒体标记的应用，表格页面以及表单页面的制作，Dreamweaver 创建和管理站点的实现，实现文本与图像网页的制作以及超链接及多媒体的应用。第二部分为 Web 排版技术实践，主要讲解 CSS 级联样式表的具体应用，内容包括 CSS 样式表的基本应用和综合应用。第三部分为 Web 动态技术实践，主要讲解 JavaScript 的具体应用，内容包括 JavaScript 的基本技术应用和核心技术应用。第四部分为课程综合项目实训，通过一个综合案例的设计和实施来巩固和加深前 3 部分知识的综合应用能力，切实提高实际项目的开发水平。本书所有知识点都结合具体的应用来讲解，涉及的应用都提供源代码并且程序代码都给出了详细的注释，读者可轻松领会使用 Web 编程技术进行程序开发的精髓，快速提高开发技能。

本书适合作为高等院校相关专业的教学参考书，也适合作为软件开发入门者的自学用书，还可供开发人员查阅和参考。

- ◆ 主　编　王　刚
  副 主 编　潘正军　肖　佳
  责任编辑　李海涛
  责任印制　彭志环　焦志炜
- ◆ 人民邮电出版社出版发行　　北京市丰台区成寿寺路 11 号
  邮编　100164　电子邮件　315@ptpress.com.cn
  网址　http://www.ptpress.com.cn
  固安县铭成印刷有限公司印刷
- ◆ 开本：787×1092　1/16
  印张：8　　　　　　　　　2013 年 9 月第 1 版
  字数：198 千字　　　　　　2018 年 9 月河北第 5 次印刷

定价：25.00 元

读者服务热线：**(010)81055256** 印装质量热线：**(010)81055316**
反盗版热线：**(010)81055315**

前　言

　　本书共分为 4 部分，包括 11 个实验和一个综合项目实训，分别对应如下内容：第一部分为 Web 基础技术实践，主要涉及 HTML 知识的相关应用；第二部分为 Web 排版技术实践，主要涉及 CSS 级联样式表相关知识的应用；第三部分为 Web 动态技术实践，主要涉及 JavaScript 技术的相关应用；第四部分为课程综合实训，以一个具体的案例来综合应用 HTML、CSS 和 JavaScript 进行项目的开发和设计。通过 4 个部分的学习，读者可轻松、迅速地掌握本书知识，为以后的工作和学习奠定坚实的基础。

　　每个实验包括实验目的、实验环境、相关知识点、实验内容、实验效果示例、实验步骤和实验总结几部分内容。部分实验给出了选做实验部分，供有能力的读者进行灵活处理。各部分具体内容如下。

　　■　实验目的：说明实验要掌握的主要内容。

　　■　实验环境：给出实验编辑和运行所需的环境。

　　■　相关知识点：简要概述本次实验要用到的知识点。

　　■　实验内容：给出实验的具体要求。

　　■　实验示例效果：给出本次实验最终要达到的运行效果。

　　■　实验步骤：给出进行本次实验所需的具体操作和详细步骤。

　　■　实验总结：对本次实验的重要性、重点和难点进行说明和总结。

　　■　选做实验：给出具体的要求和实验最终效果或者思路和步骤，以供有能力的读者在课后完成。

　　关于本书的具体使用方法，我们给出如下几点建议。

　　（1）由于学时数的限制，每个实验建议安排一周时间完成。当然，也可以根据自己的情况对时间进行合理的增加和删减。

　　（2）本书的实验环境都给出了具体和明确的要求，建议实验环境所需软件的版本要高于本书提供的版本，以提高开发效率。

　　（3）每一次上机实验前，都要对本次实验所要求的相关知识点进行熟悉和掌握，这是进行实验的前提条件。

　　（4）上机实践时出现程序错误是很常见的事情，要以正确的态度去看待和解决它，并在不断的错误中提高自己程序调试的能力。这种能力需要读者通过不断实践才能慢慢提高，切不可一蹴而就，半途而废。

　　（5）在实践过程中，要有意识地提高自己的编程能力，不仅要看懂理解，还要把自己的真实想法写出来。只有每次实践都理清自己的思路，并不断强化训练，编程能力才能得到提高。阅读、分析别人的优秀代码，理解其编程思路是一种非常有效的途径。把别人优秀的东西拿过来进行改进和创新，日积月累，才能一步步提高自己的编程能力。

（6）本书所有实验均提供实验源码，读者可登录人民邮电出版社教学服务与资源网（www.ptpedu.com.cn）免费下载。

由于编者水平有限，书中存在疏漏之处，恳请各位读者批评指正。我们将努力改正问题，争取为读者提供更好的教学服务。

编　者

2013 年 7 月

目　录

第一部分　Web 基础技术实践（HTML）

第二部分　Web 排版技术实践

第三部分　Web 动态技术实践

第四部分　课程综合实训

第一部分

Web 基础技术实践（HTML）

纯文本编辑器下 HTML
头部标记及主体标记的应用

1.1　实验目的

掌握 HTML 头部标记及主体标记的使用。

1.2　实验环境

记事本或 Editplus 等纯文本编辑器。

1.3　相关知识点

1. HTML 文件的基本结构

```
<html> 文件开始
  <head> 头区域开始
       …   头区域内容
  </head> 头区域结束
  <body>  主体区域开始
       …   主体区域内容
  </body>  主体区域结束
  </html>  文件结束
```

2. 使用头部标记设置网页的相关信息

- 头部标记，主要用于描述当前页面的有关信息。常用的头部标记如表 1-1 所示。

表 1-1　　　　　　　　　　　　　　　常用的头部标记

标　记	描　述
\<title\>	设定显示在浏览器标题栏中的内容
\<meta\>	定义文档的字符集、关键字等
\<style\>	设定 CSS 层叠样式表的内容
\<link\>	设定对外部文件的链接
\<script\>	设定页面中程序脚本的内容

- \<meta\>标记的属性，如表 1-2 所示。

表 1-2　　　　　　　　　　　　　　　meta 标记属性

属　性	描　述
http-equiv	生成一个 HTTP 标题域，它的取值由 content 属性确定
name	以关键字/取值的形式来规定元信息内容，其中 name 表示关键字
content	确定关键字/取值的值

3. 使用主体标记\<body\>设置页面属性

- \<body\>标记的属性，如表 1-3 所示。

表 1-3　　　　　　　　　　　　　　　body 标记属性

属　性	描　述
text	设定页面的正文颜色
bgcolor	设定页面的背景颜色
background	设定页面的背景图像
bgproperties	设定页面的背景图像为固定，不随页面的滚动而滚动
link	设定页面默认的链接颜色
alink	设定鼠标单击时的链接颜色
vlink	设定访问后的链接颜色
topmargin	设定页面的上边距
leftmargin	设定页面的左右边距

1.4　实验内容

（1）使用头部标记设置网页的相关信息。

（2）使用主体标记\<body\>设置页面属性。

1.5 实验效果示例

（1）使用头部标记设置网页的相关信息，实现如下所示代码，示例效果如图 1-1 所示。参考源码文件名为 1-1.html（请登录人民邮电出版社教学服务与资源网免费下载，下同）。

background属性设置网页背景图片

bgcolor属性设计网页背景颜色

link属性设置页面默认链接颜色

alink属性设置鼠标单击时的链接颜色

vlink属性设置访问后的链接颜色

topmargin属性设置页面的上边距

leftmargin属性设置页面的左右边距

超链接 "广州大学华软软件学院"

图 1-1 使用头部标记设置网页的相关信息

```
<html>
<head>
<!-- 网页标题 -->
<title> 使用头部标记设置网页相关信息 </title>
<!-- 网页关键字 -->
<meta name="keywords" content="头部标记，主体标记">
<!-- 网页描述 -->
<meta name="description" content="这是一个关于介绍 HTML 语言的网站">
<!-- 设置网页所使用的字符集为 gb18030 -->
<meta http-equiv="content-type"
content="text/html;charset=gb18030">
<!-- 网页停留 5 秒后自动跳转到某个网站 -->
<meta http-equiv="refresh"
content="5;url=http://www.sise.com.cn">
</head>
<body>
</body>
</html>
```

（2）使用主体标记<body>设置页面属性实现如下所示代码，参考源码文件名为 1-2.html。

```
<html>
<head>
<title> 使用主体标记设置页面属性 </title>
</head>

<body background="background.jpg" text="#008080" bgcolor="#FFFFFF" link="#0000FF"
alink="#808000" vlink="#FF0000" topmargin="30px" leftmargin="30px">
```

```
        <p>background 属性设置网页背景图片</P>
        <p>bgcolor 属性设计网页背景颜色</P>
        <p>link 属性设置页面默认链接颜色</P>
        <p>alink 属性设置鼠标单击时的链接颜色</P>
        <p>vlink 属性设置访问后的链接颜色</P>
        <p>topmargin 属性设置页面的上边距</P>
        <p>leftmargin 属性设置页面的左右边距</P>
        超链接<a href="http://www.sise.com.cn"> "广州大学华软软件学院" </a>
    </body>
</html>
```

1.6　实验步骤

1. 使用头部标记设置网页的相关信息

（1）打开记事本或 Editplus 等文本编辑器，编写 HTML 文档。

（2）在 HTML 文档的头部区域使用正确的标记，分别为网页设置如下内容：

① 网页标题（根据网页内容来定），如"使用头部标记设置网页相关信息"；

② 网页关键字，如"头部标记，主体标记"；

③ 网页描述，如"这是一个关于介绍 HTML 语言的网站"；

④ 设置网页所使用的字符集为 GB18030；

⑤ 网页停留 5 秒后自动跳转到某个网站，如 http://www.sise.com.cn。

（3）以扩展名为".html"或".htm"保存网页。

2. 使用主体标记<body>设置页面属性

（1）打开记事本或 Editplus 等文本编辑器，编写 HTML 文档。

（2）在 HTML 文档的主体标记<body>中，将网页的页面属性设置为如下：

① 设置网页背景图像，图像自定；

② 将页面正文颜色设置为海蓝色（teal/#008080）；

③ 将页面背景颜色设置为白色（white/#FFFFFF）；

④ 将链接文字的 link 状态的颜色设置为蓝色（blue/#0000FF），alink 状态的颜色设置为橄榄色（olive/#808000），vlink 状态的颜色设置为红色（red/#FF0000）；

⑤ 设置网页内容与浏览器的上边框和左右边框间距分别为 30 像素。

（3）以扩展名为".html"或".htm"保存网页，并双击该网页执行，查看显示效果。

1.7　实验总结

1. 头部标记<head></head>

（1）<title></title>标题标记。

（2）<meta></meta>元信息标记。

① name 以名称来规定元信息内容，如 keywords、description 等。

② http-equiv 生成一个 HTTP 标题域，其内容由关键字决定，如 content-type、refresh。

③ content 确定属性 name 与 http-equiv 的值。

2. 主体标记<body></body>

（1）text 页面字体颜色。

（2）bgcolor 页面背景颜色。

（3）background 页面背景图案。

（4）properties 固定页面背景图案。

（5）link 页面超链接默认颜色。

（6）alink 页面超链接单击时的颜色。

（7）vlink 页面超链接单击后的颜色。

（8）topmargin 页面内容与页面上方的间距。

（9）leftmargin 页面内容与页面左侧的间距。

实验 2
可视化工具 Dreamweaver 创建和管理网站的实验

2.1 实验目的

掌握使用 Dreamweaver 创建和管理站点，并设置页面头部信息和页面属性。

2.2 实验环境

装有 Dreamweaver 的 PC。

2.3 相关知识点

设置站点结构如表 2-1 所示。

表 2-1   设置站点结构

创建一个站点根目录
根据网站主页中的导航条，在站点根目录下分别为每一个导航栏建立一个目录（除首页栏目外）
在站点根目录下创建用于存放图片的目录 images
在站点根目录下创建一个用于保存样式文件的 CSS 文件夹
在站点根目录下创建一个用于保存脚本文件的 JS 文件夹
如果有其他多媒体文件，则可以在站点根目录下再创建一个用于保存多媒体文件的 media 文件夹
创建主页，将主页命名为 index.html 或 default.html，并存放在根目录下
创始每个导航栏目的页面，并将它们存放在相应的导航栏目录下

2.4 实验内容

（1）使用 DW（Dreamweaver）创建本地站点。

（2）使用 DW 创建简单的静态网页。

2.5 实验效果示例

实验效果具体示例如图 2-1、图 2-2 所示。

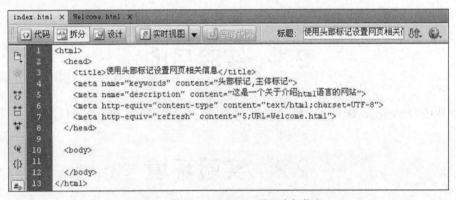

图 2-1 使用 Dreamweave 设置头部信息

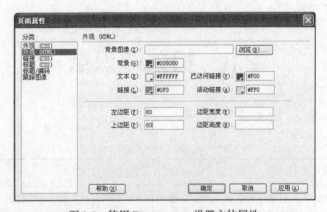

图 2-2 使用 Dreamweave 设置主体属性

2.6 实验步骤

1. 创建站点

（1）创建本地站点：指建立在本地计算机的站点。

（2）创建远程站点：指建立在 Internet 上的站点或在另一台计算机或本地计算机另一个文件夹的站点。

（3）创建站点内容。

① 设置本地信息。

（a）启动 Dreamweaver，打开起始页。在其中的【新建】栏中单击【HTML】选项，创建一个空白的 HTML 网页，如图 2-3 所示。

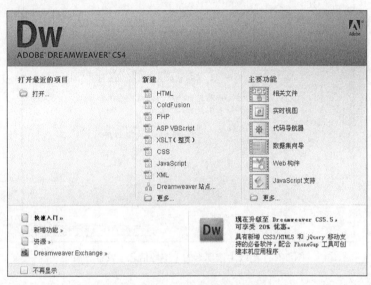

图 2-3   创建一个空白的 HTML 网页

（b）执行【站点】→【管理站点】菜单命令，弹出【站点管理】对话框，如图 2-4 所示。

（c）在【管理站点】对话框中单击【新建】→【站点】按钮，弹出【未命名站点 1 的站点定义为】对话框，如图 2-5 所示。

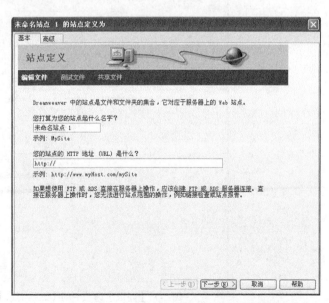

图 2-4   【管理站点】对话框

图 2-5   【未命名站点 1 的站点定义为】对话框

（d）在【未命名站点 1 的站点定义为】对话框中选择【高级】选项卡，在【分类】栏中选择【本地信息】选项，设置【站点名称】、【本地根文件夹】以及【默认图像文件夹】，其余使用默认设置，如图 2-6 所示。

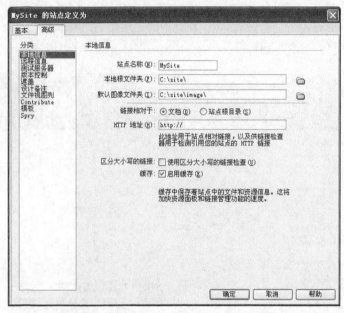

图 2-6 【高级】选项卡的【本地信息】设置界面

② 设置远程信息。

在【分类】栏中选择【远程信息】选项，设置【访问】、【FTP 主机】、【主机目录】、【登录】、【密码】选项，并选中【使用 Passive FTP】复选框，其余使用默认设置，如图 2-7 和图 2-8 所示。

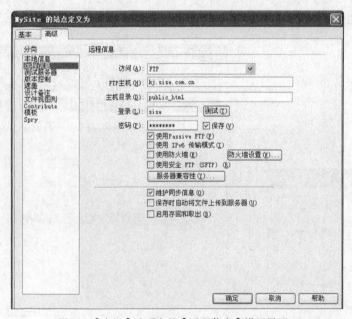

图 2-7 【高级】选项卡的【远程信息】设置界面 1

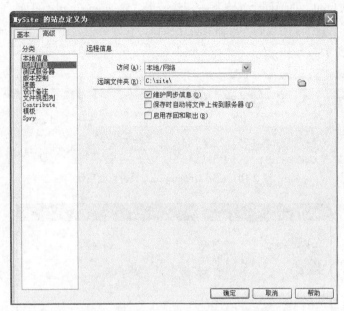

图 2-8　【高级】选项卡的【远程信息】设置界面 2

③ 设置测试服务器。

如果所建立的是动态网站，则在对其进行测试之前，还需要定义测试服务器，以确定测试文件夹的位置以及所使用的服务器模型。

2. 创建一个简单的静态网页

（1）在新建的站点中，新建一个"index.html"页面，如图 2-9 所示。按如下要求设置页面的头部信息：

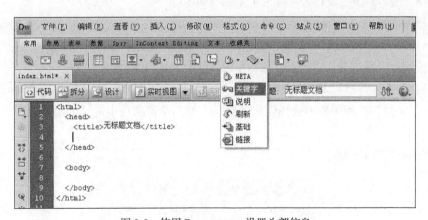

图 2-9　使用 Dreamweave 设置头部信息

① 网页标题（根据网页内容来定），如"使用头部标记设置网页相关信息"；

② 网页关键字，如"头部标记，主体标记"；

③ 网页描述，如"这是一个关于介绍 HTML 语言的网站"；

④ 网页所使用的字符集设为 UTF-8；

⑤ 网页停留 5s 后自动跳转到站点内的 Welcome.html 网页上。

（2）在"index.html"页面同个站点下，新建一个"Welcome.html"页面，按如下要求设置页面主体信息。单击【属性】面板的【页面属性】按钮，在分类中选择【外观（HTML）】选项，如图 2-10 和图 2-11 所示。

图 2-10　使用 Dreamweave 设置页面属性

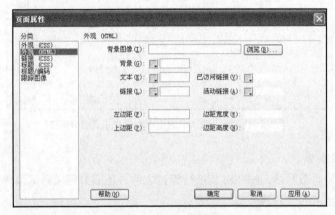

图 2-11　设置页面属性

① 将网页正文的文本颜色设置为白色；

② 将网页的背景颜色设置为海蓝色（teal/#008080）；

③ 将链接文字的 link 链接状态的颜色设置为#0F0000，alink 活动链接状态的颜色设置为#FF0000，vlink 已访问链接状态的颜色设置为#F00000；

④ 设置网页内容与浏览器的上边框和左边框间距分别为 80 像素。

（3）保存网页，并浏览该页面查看效果。

（4）在"文件"浮动面板中选择创建的网页，然后单击面板中的"上传"按钮，如图 2-12 所示。

（5）用浏览器查看效果。

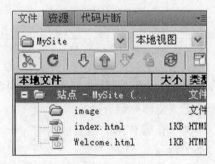

图 2-12　上传站点

2.7　实验总结

（1）Dreamweaver 是一个网页设计排版工具，它有两个作用：一是站点建立和管理，二是编辑网页。

（2）在制作一个网页时，应首先对页面属性进行设置。

实验 3
纯文本编辑器下文字、段落、列表及图片标记的应用

3.1 实验目的

掌握文字、段落、列表及图片标记的使用。

3.2 实验环境

记事本或 Editplus 等文本编辑器。

3.3 相关知识点

1. 段落<p>标记

段落标记属性如表 3-1 所示。

表 3-1 段落<p>标记属性

标 记	描 述	属 性	属性取值
<p>...</p>	双标记	align	left
			center
			right

2. 字体<font>标记

字体标记属性如表 3-2 所示。

表 3-2   字体<font>标记属性

属　　性	描　　述
face	设置字体
size	设置字号，取值范围为 1～7
color	设置文字颜色

3. 列表标记

有序列表<ol>标记如表 3-3 所示。

表 3-3   有序列表<ol>标记属性

属　　性	描　　述	属性值	
type	设置有序列表的前导符	1	前导符为数字 1、2、3…
		a	前导符为小写字母 a、b、c…
		A	前导符为大写字母 A、B、C…
		i	前导符为小写罗马数字 i、ii、iii…
		I	前导符为大写罗马数字 Ⅰ、Ⅱ、Ⅲ…
start	设置有序列表的起始编号	value	• 在默认情况下，有序列表从数字 1 开始编号； • 不论列表编号是数字、英文字母还是罗马数字，value 的值都是需要起始的数字

无序列表<ul>标记如表 3-4 所示。

表 3-4   无序列表<ul>标记属性

属　　性	描　　述	属性值	
type	设置项目列表的前导符	disc	前导符为●（默认前导符）
		circle	前导符为○
		square	前导符为■

4. 图片<img>标记

图片标记属性如表 3-5 所示。

表 3-5   图片<img>标记属性

属　　性	描　　述
src	指定图片源文件所在的路径（必设属性）
alt	设置提示文字
width	设置图片的宽度

属　性	描　述
height	设置图片的高度
hspace	设置图片与相邻对象之间的左右间距
vspace	设置图片与相邻对象之间的上下间距
align	设置对齐方式
border	设置图片边框，默认情况下不显示边框

5. 图片标记的 align 属性

图片<img>标记的 align 属性值如表 3-6 所示。

表 3-6　　　　　　　　　　图片<img>标记的 align 属性值

align 属性	描　述
baseline、bottom、absbottom	图片底端与文字底端对齐
top、texttop	图片顶端与文字行最高字符的顶端对齐
middle	图片的中间线与文字底端对齐
absmiddle	图片的中间线与文字的中间线对齐
right	图片在文字的右边
left	图片在文字的左边

3.4　实验内容（必做实验）

在记事本或 Editplus 等文本编辑器中使用正确标记，并正确设置标记属性，制作如实验效果所示的个人简历（建议模仿所给示例，制作自己的一个简历，内容不限，只要用到所学标记，如列表等）。

3.5　实验效果示例

实验效果示例如图 3-1 所示。

3.6　实验步骤

（1）打开记事本或 Editplus 等文本编辑器，编写 HTML 文档。

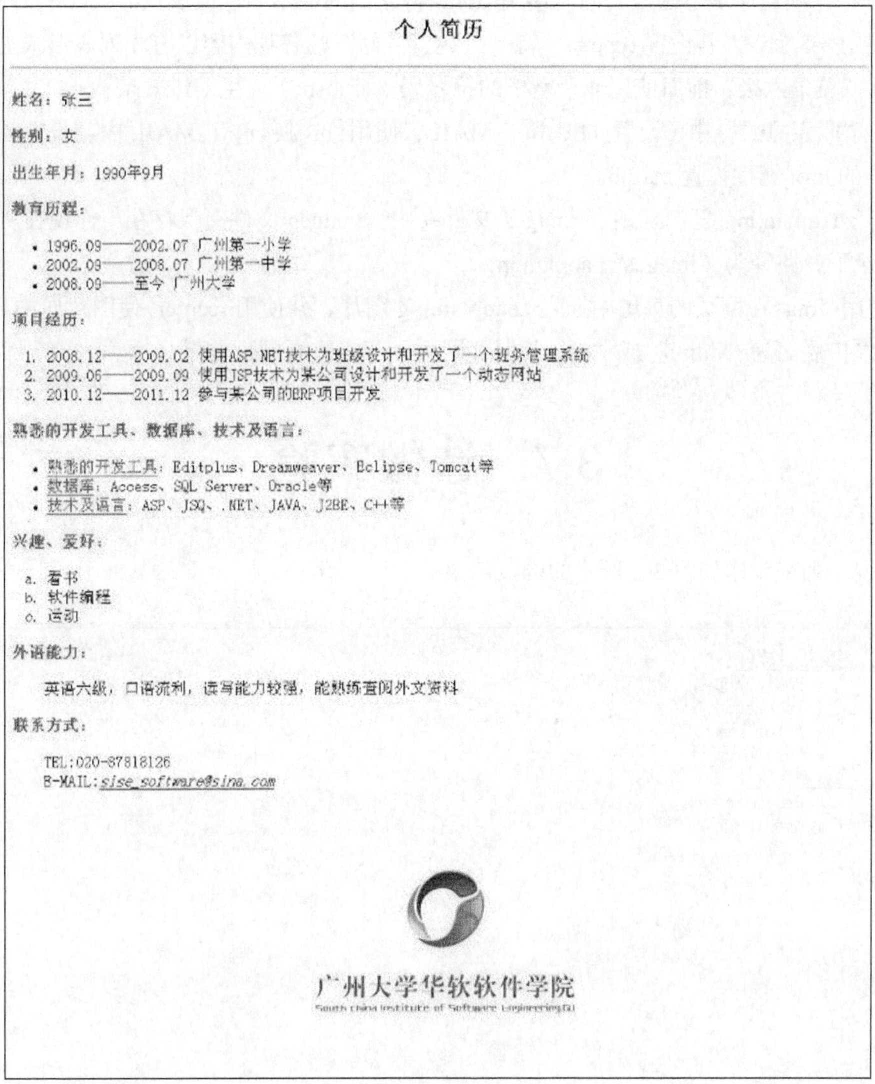

个人简历

姓名：张三

性别：女

出生年月：1930年9月

教育历程：

- 1996.09——2002.07 广州第一小学
- 2002.03——2008.07 广州第一中学
- 2008.09——至今 广州大学

项目经历：

1. 2008.12——2009.02 使用ASP.NET技术为班级设计和开发了一个班务管理系统
2. 2009.06——2009.09 使用JSP技术为某公司设计和开发了一个动态网站
3. 2010.12——2011.12 参与某公司的BRP项目开发

熟悉的开发工具、数据库、技术及语言：

- 熟悉的开发工具：Editplus、Dreamweaver、Eclipse、Tomcat等
- 数据库：Access、SQL Server、Oracle等
- 技术及语言：ASP、JSQ、.NET、JAVA、J2BE、C++等

兴趣、爱好：

a. 看书
b. 软件编程
c. 运动

外语能力：

英语六级，口语流利，读写能力较强，能熟练查阅外文资料

联系方式：

TEL:020-87818126
E-MAIL:*sise_software@sina.com*

广州大学华软软件学院
South china Institute of Software Engineering(SI)

图 3-1 实验效果

（2）在 HTML 文档的主体区域使用正确标记及属性进行如下设置：

① 使用<h2>将"个人简历"设置成标题，且居中显示；

② 使用<font>将"个人简历"的字体设置"隶书"；

③ 使用<hr>在"个人简历"下面放置一条颜色值为"#CCCC00"的水平线；

④ 使用<size>设置文本字体的字号为4；

⑤ 对个人简历中的姓名，性别，出生年月，教育历程，项目经历，熟悉的开发、数据库、技术及语言，兴趣、爱好，外语能力，联系方式使用<p>设置成段落；

⑥ 将个人简历中每一项的题目使用<b>加粗显示，并使用<font>设置显示颜色为"#009900"；

⑦ 使用<ul><li>将"教育历程"的各项内容以无序列表形式显示；

⑧ 使用<ol><li>将"项目经历"的各项内容以有序列表形式显示；

⑨ 使用<ul><li>将"开发工具、数据库、技术及语言"的各项内容以无序列表的形式显示，

并使用<u>将各项目显示下画线，同时使用<font>将它们的显示颜色值设置为"#FF0099"；

⑩ 使用<ol><li>，并设置 type=a，将"兴趣、爱好"的各项内容以有序列表形式显示；

⑪ 在"英语六级"前面使用 4 个空格的符号码（ ）产生缩进效果；

⑫ 在"联系方式"中，设置 TEL 和 E-MAIL，使用
换行，E-MAIL 内容设置为斜体，使用<a>标志的 href 属性设置 mailto。

⑬ 将 zhaopian.jpg 复制到站点 images 文件夹中，images 文件夹保存在与你现在所创建的网页同一目录下，路径为"images\zhaopian.jpg"；

⑭ 使用<img>在网页的页尾中插入 zhaopian.jpg 图片，并使用<center>使图片居中显示。

（3）以扩展名为".html"或".htm"保存网页，双击查看网页效果。

3.7　选做实验

使用嵌套列表制作如图 3-2 所示的网页效果。

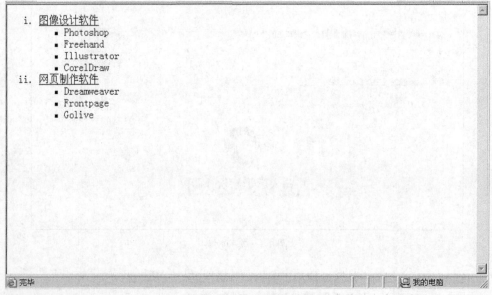

图 3-2　网页显示效果

3.8　实验总结

（1）字体标记<font>的 size 属性的取值范围是 1~7，其中"1"为最小字号，"7"为最大字号。

（2）空格在源代码中的表示是" "，一个" "表示一个半角空格；另外，一些特殊符号如"<"、">"等，在源代码中也要像空格的表示一样，使用字符码。

（3）设置文字的格式（如加粗显示文字）需要使用文字修饰标记。

（4）标题标记的级别范围是 h1～h6，其中"h1"的字号是最大的，"h6"的字号是最小的。

（5）<pre>标记可使显示的内容的格式与源代码的格式几乎完全一样。

（6）段落标记<p>和换行标记
一个显著的不同之处是<p>在换行的同时，会与上（下）文产生一个空行的间隔，而
则没有。

（7）水平线标记<hr>中的属性 size 用于设置水平线的高度。

（8）图片标记必须设置的一个属性是 src。

实验 4

可视化工具 Dreamweaver 实现
文本与图像网页的制作

4.1 实验目的

掌握 Dreamweaver 对文字、段落、列表及图像等对象的操作。

4.2 实验环境

Dreamweaver。

4.3 相关技术点

1. 使用 DW 输入文字

（1）插入普通文字：定位好光标，然后直接在文档窗口输入文字或从其他应用程序或窗口复制文本，粘贴到文档光标处。

（2）设置字体属性：选择需要格式化的文字，在"文本属性"面板中分别设置所选文字的格式、字体、大小、颜色、对齐方式等属性。

（3）插入特殊字符：将光标定位到文档口要输入特殊符号的位置，在插入栏的【文本】选项卡中单击按钮，弹出【字符】菜单，在【字符】菜单中执行相应的命令添加相应的特殊字符。

2. 使用 DW 设置段落

设计视图中，每输入一段文字，按下 Enter 键后，将自动生成一个段落使用文本属性面板进行预格式化设置及段落缩进凸出设置。

3. 使用 DW 设置水平线

将【插入栏】中的面板切换到【HTML】面板。在窗口中定位好光标，单击按钮即可选中水平线，在"属性"面板中设置宽度、高度、对齐等属性。如果要设置水平线颜色，则单击"属性"面板右侧的"快速标签编辑器"按钮，在代码中输入"color=red"。

4. 使用 DW 创建列表

（1）创建有序列表。

将光标定位在要添加有序列表的位置，单击"属性"面板中的【编号列表】按钮或执行【文本】→【列表】→【编号列表】菜单命令。在"前导符"后输入列表项文本，此时的前导符号为阿拉伯数字，若要改为其他前导符号，可单击【属性】面板中的按钮。若要更改起始编号，则直接在"列表属性"对话框的"开始计数"文本框中输入希望开始的数字即可，按 Enter 键，下一个排序前导符自动出现在新行的前面。重复上述操作直至完成整个编号列表的创建。按两次 Enter 键完成整个编号列表的创建。

（2）创建项目列表。

将光标定位在要添加无序列表的位置，单击"属性"面板中的【项目列表】按钮或执行【文本】→【列表】→【项目列表】菜单命令。在"前导符"后输入列表项文本。此时的前导符号为默认项目符号，若要改为其他前导符号，可单击【属性】面板中的按钮。在弹出的"列表属性"对话框的【样式】下拉列表中选择需要的前导符号，按 Enter 键，下一个项目前导符自动出现在新行的面。重复上述操作直至完成整个项目列表的创建。按两次 Enter 键完成整个项目列表的创建。

（3）创建定义列表。

将光标定位在要添加定义列表的位置，执行【文本】→【列表】→【定义列表】菜单命令，输入列表项文本，按 Enter 键。重复上述操作直至完成整个定义列表的创建。按两次 Enter 键完成整个定义列表的创建。

（4）创建嵌套列表。

按以上方法创建任一列表，选择要嵌套的列表项，单击"属性"面板中的【缩进】按钮，可以对缩进的文本按照上述方法应用新的列表类型或样式。

5. 使用 DW 插入图片

在文档窗口中，将光标定位到要插入图像的位置，单击插入栏的【常用】选项卡中的按钮，打开【选择图像源文件】对话框。在"图像"列表框中选择需要的文件名称，在【相对于】下拉列表框中选择【文档】选项。选择插入的图片，根据需要在"属性"面板中设置图片的属性。

4.4　实验内容

使用 Dreamweaver 对文字、段落、列表、图像等对象进行操作。

4.5　实验效果示例

完成效果如图 4-1 所示，文字在"实验文本.txt"中。

提示

使用标题、字体<font>、列表嵌套、<blockquote>与特殊字符。插图的大小设为 100×100。

知识了解

HTML知识

在HTML标记的属性可以没有值，而XHTML规定所有属性都必须有一个值，没有值的就以属性名作为属性值，如：<input type="checkbox" name="shirt" value="medium" checked="checked">

化学知识

一些重要常见气体的（通常状况下）化学性质与用途

- 氧气（O_2）：无色无味的气体，不易溶于水，密度比空气略大
  1. 供呼吸
  2. 炼钢
  3. 气焊

  （注：O_2具有助燃性，但不具有可燃性，不能燃烧。）

  a. $C + O_2 == CO_2$（发出白光，放出热量）
  b. $S + O_2 == SO_2$（空气中一淡蓝色火焰；氧气中一紫蓝色火焰）
  c. $4P + 5O_2 == 2P_2O_5$（产生白烟，生成白色固体P_2O_5）
  d. $3Fe + 2O_2 == Fe_3O_4$（剧烈燃烧，火星四射，放出大量的热，生成黑色固体）
- 氢气（H_2）：无色无味的气体，难溶于水，密度比空气小，是最轻的气体。
  1. 可燃性：
     - $2H_2 + O_2 ==== 2H_2O$
     - $H_2 + Cl_2 ==== 2HCl$，填充气、飞艇（密度比空气小）
  2. 合成氨、制盐酸
  3. 气焊、气割（可燃性）
  4. 提炼金属（还原性）

图 4-1　实验效果

4.6　实验步骤

（1）创建站点，把所有网页需要的文字和图片存放到站点的相应位置。

（2）新建一个 index.html 的页面，用 Dreamweaver 打开。

（3）将光标置于要输入文本的位置，输入文本。

（4）选中"知识了解"，在"属性"面板中设置【格式】，选择【标题 1】选项，选中"HTML 知识"和"化学知识"，选择【标题 3】选项。

（5）在"HTML 知识"后插入图片 cup.jpg，单击【插入】按钮，选择对应的图片，在"属性"面板设置图片大小为 100×100，【对齐】设置为"右对齐"。

（6）使用<blockquote>块引用，设置"化学知识"的内容为全部缩进。

（7）分别选中"氧气"和"氢气"，在"属性"面板中设置项目列表，选择【列表项目】选项，修改样式为正方形，为其他项目内容选择编号列表，可以设置序号为"1.2.…"或"a.b.…"。

（8）使用段落标志设置"（注：O_2具有助燃性，但不具有可燃性，不能燃烧。）"。

（9）使用特殊字符或下标标记<sub>设置文字的下标。

4.7   实验总结

本实验讲解了 Dreamweaver 的一些基本操作。通过本实验的学习，掌握首选项参数的设置；学会向网页中添加简单的文字和图像内容；灵活地使用 Dreamweaver；掌握文本的编辑、列表、嵌套列表的创建，以及向文档中添加图像和图像相关属性的设置。

实验 5

纯文本编辑器下超链接与
多媒体标记的应用

5.1　实验目的

掌握超链接的创建以及使用多媒体标记在网页中插入多媒体内容。

5.2　实验环境

记事本、Editplus 或 Dreamweaver 等编辑器。

5.3　相关知识点

1. 超链接标记

浏览者通过单击文本或图片对象，可以从一个页面跳转到另一个页面，或从页面的一个位置跳转到另一个位置，实现这种功能的对象被称为超链接。

创建超链接：必须同时存在两个端点：一个是源端点；另一个是目标端点。

源端点指网页中提供链接单击的对象，如链接文本或链接图像。

目标端点指链接跳转过去的页面或位置，如某网页、书签等。

（1）超链接标记及常用属性。

超链接<a>标记属性如表 5-1 所示。

表 5-1　　　　　　　　　　　　　　　超链接<a>标记属性

属　　性	描　　述
href	指定链接路径（必设属性）

续表

属　　性	描　　述
name	定义书签名称
target	指定打开目标文件的窗口
title	设置链接提示文字

超链接<a>标记的 target 属性值如表 5-2 所示。

表 5-2　　　　　　　　　　　　　　　超链接<a>标记的 target 属性值

target 属性值	描　　述
_blank	在新窗口中打开链接文档
_self	在同一个帧或窗口中打开链接文档（默认属性）
_parent	在上一级窗口中打开链接文档，一般在框架页中经常使用
_top	在浏览器的整个窗口中打开链接文档，忽略任何框架
框架窗口名	在指定的框架窗口中打开链接文档

（2）超链接类型。

根据源端点，超链接可分为文本超链接、图像超链接和图像映射；根据目标端点，超链接可分为内部链接、外部链接、书签链接和文件下载链接。

文本链接是指源端点为文本文字的超链接，基本语法为：

`<a href="URL">链接文字</a>`

图像链接是指源端点为图像文件的超链接，基本语法为：

`<a href="URL"><img  src="filename_img" …></a>`

默认情况下，图像链接会显示蓝色边框，如果不想显示边框，应设置图像的 border=0。

内部链接是指在同一个网站内部不同网页之间的链接关系。

书签链接指与同一网页中某个设置了称为书签标记的位置的链接关系。

创建书签链接的步骤如下。

① 建立书签。

基本语法：

`<a name="书签名">[文字/图片]</a>`

语法解释：[文字/图片]中的"[ ]"表示文字或图片可有可无，书签将在光标处建立一个名为"name"属性值所规定的书签。

② 建立书签链接。

基本语法：

链接到同一页面中的书签：

`<a href="#书签名">链接文字</a>`

链接到其他页面中的书签：

```
<a href="file_name#书签名">链接文字</a>
```

语法解释："书签名"是已定义的书签名，"file_name"是要跳转到的页面路径。

外部链接是指跳转到当前网站外部，和其他网站中的页面或其他元素之间的链接关系。

文件下载链接是指跳转到文件下载页面的链接关系。

要创建文件下载链接，只要在链接地址处输入文件路径即可，当用户单击链接时，浏览器会自动判断文件类型，以做出不同情况的处理，如直接打开，或弹出下载对话框供下载等。

基本语法：

```
<a href="File_URL">链接文字</a>
```

启动邮件发送系统设置语法：

```
<a href="mailto:邮址 1？Subject=content&cc=邮址 2 &bcc=邮址 3">链接文字</a>
```
。邮件发送属性参数如表 5-3 所示。

表 5-3　　　　　　　　　　　　　邮件发送属性参数

参　　数	描　　述
Subject	电子邮件主题
cc	抄送收件人
bcc	暗送收件人

2. 框架结构

框架的作用就是把浏览器窗口划分成若干个区域，每个区域可以分别显示不同的网页。

使用框架结构时，HTML 文档中不能出现<body>标记对，此时的<body>需要由<frameset>代替。

（1）框架结构组成标记。

框架集标记<frameset>：主要用于定义浏览器窗口的分割方式、各分割窗口（框架）的大小以及格式化框架边框。

框架标记<frame>：定义各分割窗口中显示的内容，并对各分割窗口进行格式化。

（2）框架集标记<frameset>。

框架分割窗口方式有以下几种。

① 左右分割：用 cols 将窗口左右（水平）分割。

```
<frameset cols="n1,n2,…,*">
```

② 上下分割：用 rows 将窗口上下（垂直）分割。

```
<frameset cols="n1,n2,…,*">
```

③ 嵌套分割：浏览器窗口既存在左右分割，又存在上下分割。

（3）框架标记<frame>。

基本语法：

```
<frameset  cols="value,value,…">
  <frame src="url" name="frame_name">
  <frame src="url" name="frame_name">
  …
```

```
</frameset>
```

语法解释：src 属性用于设置在框架窗口中显示的内容来自的文件；name 属性用于标记框架名称，以便于其他对象对它进行引用，如作为链接的一个目标窗口。

（4）浮动框架<iframe>。

浮动框架是一种特殊的框架页面，它作为 HTML 文档的一部分，就像图像一样出现在 HTML 文档中。浮动框架允许将一个 HTML 文档插入到另一个 HTML 文档内部的某个区域。

基本语法：

```
<iframe src="file_URL" height="value" width="value" name="iframe_name" align=
"left|center|right">
```

3. 多媒体标记

为增强网页的功能以及动感，现在的网页一般都会加入诸如声音、动画、视频等多媒体内容。常用的多媒体标记如表 5-4 所示。

表 5-4　　　　　　　　　　　　　常用的多媒体标记

类　　型	描　　述
marquee	设置文字在页面中的滚动效果
embed	在页面中嵌入 MP3、视频等多媒体内容
bgsound	设置页面的背景音乐

（1）滚动文字设置。

基本语法：

```
<marquee>滚动文字</marquee>
```

<marquee>标记的常用属性如表 5-5 所示。

表 5-5　　　　　　　　　　　　<marquee>标记的常用属性

属　　性	属性值	描　　述
direction	up	设置文字向上滚动
	down	设置文字向下滚动
	left	设置文字向左滚动（默认方向）
	right	设置文字向右滚动
behavior	scroll	设置文字循环滚动（默认状态）
	slide	设置文字只进行一次滚动
	alternate	设置文字进行交替滚动
width,height	某个数值 n	设置文字滚动的区域
bgcolor	某种颜色	设置文字滚动区域的背景颜色

（2）嵌入多媒体内容。

在网页中可以使用<embed>标记嵌入 MP3、电影等多媒体内容。

基本语法：

```
<embed src="file_url"></embed>
```

<embed>标记的常用属性如表 5-6 所示。

表 5-6　　　　　　　　　　　　　　　　　<embed>标记的常用属性

属　　性	属性值	描　　述
align	left|right|center |absbottom|absmiddle|baseline|bottom| texttop|top	设置嵌入式对象在文档中相对周围内容的位置
height	某个数值 n	以像素为单位定义嵌入式对象的高度
width	某个数值 n	以像素为单位定义嵌入式对象的宽度
src	URL	指定嵌入式对象的文件路径
autostart	true|false	设置嵌入式对象何时打开，即是网页被打开时自动打开还是在播放按钮被单击后才打开
loop	true|false	设置嵌入式对象的播放是否循环不断
name	…	标识对象，以便其他对象对它进行引用
<param>		定义附加参数
hidden		设置嵌入对象控制框的可视性

（3）设置背景音乐。

在网页中可以使用<bgsound>标记嵌入背景音乐，让访问者访问页面时自动播放背景音乐。

基本语法：

```
<bgsound src="file_url">
```

<bgsound>标记的常用属性如表 5-7 所示。

表 5-7　　　　　　　　　　　　　　　　　<bgsound>标记的常用属性

属　　性	属性值	描　　述
src	URL	设置背景音乐文件的路径
loop	n|infinite	取具体的某个数值以循环播放一定的次数后停止播放，或取值为 infinite 时循环不断地播放，默认情况下只播放一次

5.4　实验内容

使用纯文本编辑器进行网页超链接的创建，并使用多媒体标记在网页中插入多媒体内容。

5.5　实验效果示例

创建框架示例实现如下所示代码，示例效果如图 5-1 所示。

```
<html>
<head>
<meta http-equiv="Content-Type" content="text/html; charset=utf-8" />
<title>超链接与多媒体标记的应用</title>
</head>
<frameset rows="100,*" frameborder="no" border="0" framespacing="0">
    <frame src="CSS_Title.html" name="topFrame" scrolling="No"
noresize="noresize" id="topFrame" title="topFrame" />
    <frameset cols="260,*" frameborder="no" border="0" framespacing="0">
      <frame src="CSS_Menu.html" name="leftFrame" scrolling="No"
noresize="noresize" id="leftFrame" title="leftFrame" />
      <frame src="CSS (1).html" name="mainFrame" id="mainFrame" title="mainFrame" />
    </frameset>
</frameset>
<noframes>
<body>
</body>
</noframes>
</html>
```

图 5-1　实验效果

5.6　实验步骤

（1）打开 "CSS 基础.html" 文件（见图 5-2），按如下要求完成实验内容。

① 将标题文字 "CSS 基础知识" 设为来回滚动文字。

② 分别为 "1.什么是 CSS"、"2.CSS 能完成的工作"、……、"7.CSS 的优先级" 的文字对应位置设置书签，实现页面内部之间的跳转。

（2）使用文件夹中的 CSS(1).html～CSS(7).html 和 CSS_Title.html 8 个网页按如下要求完成实验内容。

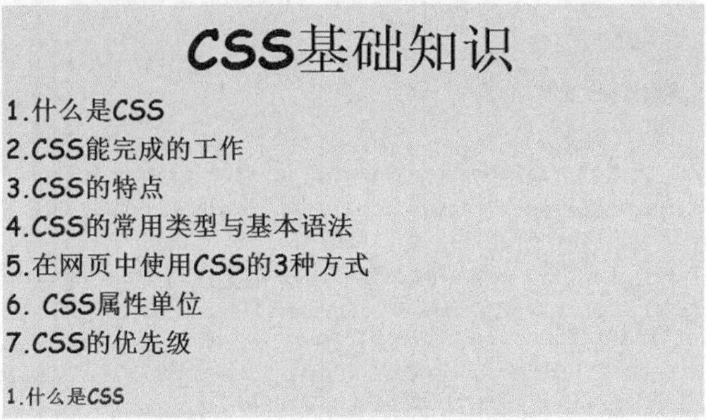

CSS基础知识

1.什么是CSS
2.CSS能完成的工作
3.CSS的特点
4.CSS的常用类型与基本语法
5.在网页中使用CSS的3种方式
6. CSS属性单位
7.CSS的优先级

1.什么是CSS

图 5-2　CSS 基础页面

① 设计如图 5-3 所示的框架页，将窗口分割为 A、B、C 共 3 个区域。框架集不显示边框。

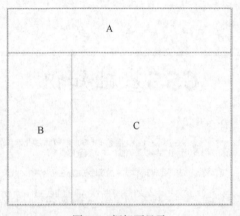

A

B　　　C

图 5-3　框架页显示

② 将 CSS_Title.html 显示在框架的 A 区域。

③ 制作 CSS_Menu.html 页面，效果如图 5-4 所示，网页文字使用 "Comic Sans MS"，并加粗显示。将制作的 CSS_Menu.html 显示在框架的 B 区域，并为 CSS_Menu.html 上的文字分别设置超链接（链接网页对应文件夹中的 CSS(1).html～CSS(7).html），所有链接的网页在 C 区域打开。

1.什么是CSS
2.CSS能完成的工作
3.CSS的特点
4.CSS的常用类型与基本语法
5.在网页中使用CSS的3种方式
6. CSS属性单位
7.CSS的优先级

图 5-4　CSS_Menu 页面

④ 将 CSS(1).html 显示在框架的 C 区域，效果如图 5-1 所示。

⑤ 将 Music.mp3 设为框架的背景音乐。

5.7　实验总结

（1）创建超链接必须同时存在源端点和目标端点。

（2）创始超链接时经常涉及的路径有两种：绝对路径、相对路径。通常，外部链接需要使用绝对路径，内部链接一般使用相对路径。

（3）超链接必设的一个属性是 href，通过 target 属性，可使目标端点在不同的窗口打开。

（4）根据源端点，超链接可分为文本超链接、图像超链接和图像映射；根据目标端点，超链接可分为内部链接、外部链接、书签链接和文件下载链接。

（5）创建书签链接的步骤有两步：一是创建书签；二是为书签制作链接。

实验 6
可视化工具 Dreamweaver 下超链接及多媒体的应用

6.1　实验目的

掌握使用 Dreamweaver 工具创建含有超链接以及多媒体的网页。

6.2　实验环境

Dreamweaver 编辑器。

6.3　相关知识点

热点指的是把一幅图像划分为几个部分，不同的部分对应于不同的超链接，也可以称为图像映射。这种图片热点技术扩展了超链接的应用形式，Dreamweaver 界面中的交互式热点编辑大大提高了热点标注和使用效率。

模板是一个文件，可以用来作为其他文件的基础。创建一个模板时，可以指定页面的哪些元素保持不变，哪些元素可以被修改。并且，可以将模板应用于文件之后再修改模板。如果用修改后的模板更新文件，则文件中只有被锁定的区域才会随模板更新。

6.4　实验内容

（1）掌握创建图片热点区域的方法。

（2）掌握网页模板的创建，并将模板应用到需要被套用的内容上。

6.5　实验效果示例

实验示例效果如图 6-1 和图 6-2 所示，创建热点实现如下所示代码。

图 6-1　实验效果 1

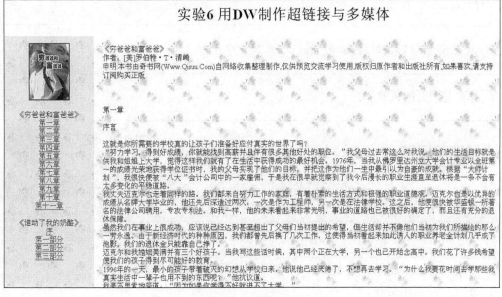

图 6-2　实验效果 2

```
<html>
<head>
<meta http-equiv="Content-Type" content="text/html; charset=utf-8" />
<title>网球俱乐部</title>
</head>
<body>
<img src="images/top.jpg" width="778" height="149" border="0" usemap="#Map" />
<map name="Map" id="Map">
  <area shape="rect" coords="64,122,131,146" href="#" />
  <area shape="rect" coords="184,101,246,122" href="#" />
  <area shape="rect" coords="319,81,383,103" href="#" />
  <area shape="rect" coords="465,66,535,93" href="#" />
  <area shape="rect" coords="607,77,676,102" href="#" />
```

```
    <area shape="rect" coords="713,99,776,120" href="#" />
</map>
</body>
</html>
```

6.6 实验步骤

实验所需资料分别存放在 images 与 text 文件夹中。

（1）打开 Dreamweaver，新建一个网页，网页名称自定义，要求步骤如下。

① 在网页中插入 top.jpg 图片（见图 6-3）。

② 在图像上创建 6 个热点（图像映射）区域，分别为"俱乐部简介"、"会员服务"、"网球资料"、"网上预约"、"网上商城"与"赛点 BBS"。创建热点，并全部都设为空链接，链接目标为新页面打开。

设置空链接时将<a>的 href 设为"#"即可。

③ 保存并浏览网页效果。

图 6-3 在网页插入图片

（2）打开 Dreamweaver，完成如图 6-2 所示的效果，要求步骤如下。

① 通过 DW 新建站点。

② 创建如图 6-4 所示的框架。

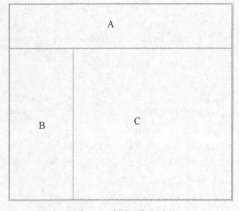

图 6-4 框架页显示

③ 将 Title.html 网页放置在 A 区域。

④ 通过 DW 新建网页，将网页保存为 book.dwt 模板文件。

（a）模板的背景图像使用 0002.jpg，并通过背景属性将背景固定。

（b）模板文件的左边距和顶边距均设为 20px。

（c）在网页中间添加编辑区。

⑤ 通过 book.dwt 模板分别为 text 文件夹里的 01.txt～13.txt 文件创建 13 个网页，将为 01.txt 创建的网页放置在 C 区域。

⑥ 打开 Menu.html 网页：

（a）为网页上的图像创建文件下载链接，下载文件为 12.rar；

（b）为网页上"穷爸爸和富爸爸"下方的"第一章"～"第十一章"等文字分别创建超链接，链接分别指向第（5）步为 01.txt～11.txt 所建的网页，链接的 target 指向框架的 C 区域；

（c）为网页上"谁动了我的奶酪"下方的"序"～"第三部分"等文字分别创建书签链接，链接分别指向第（5）步为 13.txt 所创建网页中的对应文字，链接的 target 指向框架的 C 区域；

（d）Menu.html 网页放置在框架的 B 区域。

⑦ 保存并浏览网页效果。

6.7　实验总结

图片热点：想同时在一个图片上设置很多个链接，这个问题也就是我们平常说的"图片热点"（Image HOT）了，当然在 DW 里还有另外一个名字，叫"图像热区域"。选中图片，这时在"属性"面板左下方位置有一个 Map 工具栏，其右边是 3 个用来圈定不同区域的按钮。以其中的矩形工具为例，选中后，鼠标停留在图片上会以一个"+"的形状显示出来，代表可以左右拖拉，完成后依次制作多个热点区域的链接。注意各区域不可重叠。

网页模板：套用网页模板可以批量制作风格一致、内容不同的网页。模板是一个带有固定内容和格式的文档，是用户批量创建文档的基础。

创建模板的步骤如下：

（1）新建模板文件，把模板文件扩展名改为".dwt"，保存在站点内的 Templates 文件夹中。

（2）添加可编辑区域，新建的模板默认是没有可编辑区域的，需要添加一个可编辑区域。光标选择可编辑区域，执行【插入】→【模板对象】→【可编辑区域】命令。

（3）保存模板。

表格页面以及表单页面的制作

7.1 实验目的

掌握表格页面以及表单页面的创建。

7.2 实验环境

装有 Editplus 的 PC。

7.3 相关知识点

1. 表格标记

使用表格标记可在网页中创建表格，以便清晰地显示列表的数据。排版页面内容构成表格的主要标记如表 7-1 所示。

表 7-1　　　　　　　　　　　　　　构成表格的主要标记

标　　记	描　　述
<table>	在 HTML 文档中声明一个表格
<tr>	在表格中创建一行
<td>	在一行中创建一个单元格，单元格内容居左对齐
<th>	在一行中创建一个标题单元格，单元格内容加粗且默认居中对齐

基本语法：

```
<table>
<tr>
```

```
    <td>(<th>)…<td>(</th>)
    …
  </tr>
  <tr>
   <td>(<th>)…<td>(</th>)
    …
  </tr>
    …
  </table>
```

（1）<table>标记。

<table>标记的常用属性如表 7-2 所示。

表 7-2　　　　　　　　　　　　　　<table>标记的常用属性

属　　性	描　　述
border	设置表格边框宽度，单位为像素（默认不显示边框），设置 border=0 将取消边框
width	设置表格宽度，单位为像素或百分比
height	设置表格高度，单位为像素或百分比
Bordercolor/bordercolordark/bordercolorlight	设置表格边框颜色/亮边框颜色（左上边框颜色）/暗边框颜色（右下边框颜色）
bgcolor	设置表格的背景颜色
background	设置表格的背景图像
align	设置表格的水平对齐方式（默认左对齐）
cellspacing	设置相邻单元格之间的间距
cellpadding	设置单元格边框与内容的间距

（2）<tr>标记。

<tr>标记的常用属性如表 7-3 所示。

表 7-3　　　　　　　　　　　　　　<tr>标记的常用属性

属　　性	描　　述
align	设置行中各单元格内容的水平对齐方式（默认左对齐）
valign	设置行中各单元格内容的垂直对齐方式（默认居中对齐）

（3）<td>、<th>标记。

<td>、<th>标记的常用属性如表 7-4 所示。

表 7-4　　　　　　　　　　　　　　<td>、<th>标记的常用属性

属　　性	描　　述
width	设置单元格的宽度，单位为像素或表格宽度的百分比

属　　性	描　　述
height	设置单元格的高度
rowspan	设置单元格的跨行操作
colspan	设置单元格的跨列操作

（4）嵌套表格。

在网页排版中，通常需要通过表格的嵌套来完成。表格的嵌套是指在一个表格的单元格中插入另一个表格。

在网页排版中使用嵌套表格的原因有如下两个。

（a）利于简化表格的制作：网页的排版有时会很复杂，在外部需要有一个表格控制总体布局，如果内部排版的细节也通过总表格来实现，容易引起行高和列宽的冲突，给表格制作带来困难。

（b）提高浏览器响应速度：浏览器在解析网页的时候，是将整个表格的结构下载完毕之后才显示表格，如果不使用嵌套，表格非常复杂，下载耗时相对长，浏览者要等很长时间才能看到网页的内容。

2．表单标记

表单的作用：表单是实现动态网页的一种主要的外在形式，其主要功能是收集网页访问者的信息。

表单的特性：①表单中包含多种不同的元素，如文本框、文本域、下拉菜单等元素；②访问者输入的信息需要由 CGI 等服务器端处理程序处理；③访问者输入的信息可以使用 get 和 post 这两种方式提交到服务器端。

根据实现的功能不同，可将表单分成以下两个部分：①描述表单元素的 HTML 源代码；②客户端的脚本以及服务器端用于处理访问者所输入信息的程序。

（1）表单组成标记。

表单是网页上的一个特定区域，构成这个区域的标记有 6 种，如表 7-5 所示。

表 7-5　　　　　　　　　　　　　　　表单组成标记

标　　记	描　　述
<form>	定义一个表单区域以及携带表单的相关信息
<input>	设置输入表单元素
<select>	设置菜单或列表元素
<optgroup>	设置项目分组的菜单或列表
<option>	定义菜单或列表元素中的项目
<textarea>	设置表单文本域元素

（2）表单标记<form>。

<form>标记的作用：限定表单的范围，即定义一个区域，表单各元素都要设置在这个区域内，单击"提交"按钮时，提交的也是这个区域内的数据；携带表单的相关信息，如处理表单的脚本程序的位置、提交表单的方法等。

基本语法：

```
<form name="form_name" method="get/post" action="url">
  …
</form>
```

<form>标记的常用属性如表 7-6 所示。

表 7-6　　　　　　　　　　　　　　　<form>标记常用属性

属　　性	描　　述
name	设置表单名称，用于脚本引用
method	定义表单内容从客户端传送到服务器的方法，包括 get 和 post（两种方法）默认时使用 get 方法
action	用于定义表单处理程序的位置（相对地址或绝对地址）
onsubmit	用于定义表单处理脚本的位置

（3）输入标记<input>。

基本语法：

```
<input type="type_name" name="field_name">
```

语法解释：type 属性用于设置不同类型的输入域，即可设置的域的类型；name 属性指定域的名称。

<input>标记的 type 属性值如表 7-7 所示。

表 7-7　　　　　　　　　　　　　　　<input>标记的 type 属性值

type 属性值	描　　述
text	设置文字域
password	设置密码域
file	设置文件域
radio	设置单选按钮
checkbox	设置复选框
button	设置普通按钮
submit	设置提交按钮
reset	设置重置按钮
image	设置图像域（图像提交按钮）

① 文字域（text）和密码域（password）。

文字域用于设置单行输入文本框，输入的信息将以明文显示。

密码域用于设置单行密码输入框，输入的信息将以密文显示。

基本语法：

```
<input type="text|password" name="field_name" maxlength="value" size="value" value=
"field_value">
```

文字域各属性如表 7-8 所示。

表 7-8   文字域属性

文字域属性	描　　述
name	设置文字域的名称，在脚本中用于获取域的数据
maxlength	设置在文字域中最多可输入的字符数
size	设置文字域中可显示的字符数
value	设置文字域的默认值

② 文件域（file）。

用于获取上传文件的路径。

基本语法：

```
<input type="file" name="field_name">
```

③ 单选按钮（radio）。

用于在一组选项中进行单项选择。

基本语法：

```
<input type="radio" name="group_name" value="field_value" checked>
```

语法解释：value 属性值表示选中项目后传到服务器端的值，checked 表示此项被默认选中。注意，同一组单选框中只能有一个单选项被设置为 checked，同一组单选框的 name 属性必须设置为相同的值。

④ 复选框（checkbox）

用于在一组选项中进行多项选择。

基本语法：

```
<input type="checkbox" name="file_name" value="field_value" checked>
```

语法解释：value 属性值表示选中项目后传到服务器端的值，checked 表示此项被默认选中。在同一组中可将多个复选框设置为 checked，各复选框的 name 属性可以设置为相同或不同的值。

⑤ 提交按钮（submit）

单击"提交"按钮后，将表单内容提交到指定服务器处理程序或指定客户端脚本进行处理。

基本语法：

```
<input type="submit" name="field_name" value="button_text">
```

在表单中添加提交按钮的步骤为：在<form>中设置 action=处理表单程序名或设置 onsubmit=处理表单脚本函数名，在<form></form>之间字段要出现的地方添加一个<input> 标记，设置 type="submit"，指定输入域为提交按钮（必设），设置 name 属性为标记内容（可选），设置 value 属性为在按钮上显示的文字（可选）。

⑥ 重置按钮（reset）

单击"重置"按钮后，清除表单中所输入的内容，将表单内容恢复成默认的状态。

基本语法：

```
<input type="reset" name="field_name" value="button_text">
```

⑦ 普通按钮（button）

激发提交表单动作，配合 JavaScript 脚本对表单执行处理操作。

基本语法：

```
<input type="button" name="field_name" value="button_text" onclick="javascript 函数名">
```

⑧ 图像域（image）。

按钮外形以图像表示，功能与提交按钮一样，具有提交表单内容的作用。

基本语法：

```
<input type="image" name="field_name" src="image_URL">
```

（4）菜单和列表标记<select>、<option>。

选择列表允许访问者从选项列表中选择一项或几项。它的作用等效于单选按钮（单选时）或复选框（多选时）。当选项比较多的情况下，相对于单选按钮和复选框来说，选择列表可节省很大的空间。

<select>标记用于声明选择列表，需由它确定选择列表是否可多选，以及一次可显示的列表选项数；而选择列表中的各选项则需要由<option>来设置，它可设置各选项的值以及是否为默认选项；当列表项比较多时，可通过<optgroup>将一些相关的选项分组，这些分组将作为一组嵌套的层叠式菜单呈现出来。

依据列表选项一次可被选择和显示的个数，选择列表可分为下拉菜单（下拉列表）和列表两种形式。

① 列表。

列表是指一次可以选择多个列表项，且一次可以显示一个以上列表选项的选择列表。

基本语法：

```
<select name="name" size="value" multiple>
<option value="value" selected>选项一</option>
<option value="value">选项二</option>
<option value="value" selected>选项三</option>
…
</select>
```

列表标记的常用属性如表 7-9 所示。

表 7-9　　　　　　　　　　　　　　　列表标记的常用属性

属　　性	描　　述
name	设置列表的名称
size	设置能同时显示的列表选项个数（默认为 1）

属　性	描　述
multiple	设置列表中的项目可多选
value	设置选项值
selected	设置默认选项，可对多个列表选项进行此属性的设置

② 下拉菜单。

下拉菜单是指一次只能选择一个列表选项，且一次只能显示一个列表选项的选择列表。

基本语法：

```
<select name="name" size="1">
<option value="value" selected>选项一</option>
<option value="value">选项二</option>
…
</select>
```

语法解释：selected 属性用于设置默认选中项，只能有一个列表选项设置此属性；size 属性只能设置为 1，也可不设置此属性，因为其默认值为 1。

（5）文本域标记<textarea>。

用于制作一个多行多列的文本输入区域。

基本语法：

```
<textarea name="name"rows="value1" cols="value2"> …（此处输入的为默认文本）</textarea>
```

文本域标记的常用属性如表 7-10 所示。

表 7-10　　　　　　　　　　　文本域标记的常用属性

属　性	描　述
name	设置文本域的名称
rows	设置文本域的可见行数
cols	设置文本域的可见列数

（6）表单处理。

访问者单击"提交"按钮或普通按钮后，表单中的信息可以首先使用 JavaScript 对输入数据的类型等进行验证，验证通过后，被发送到网络服务器由表单中的 action 属性所指定的程序或由 JavaScript 脚本函数所指定的程序进行处理。

7.4　实验内容

（1）使用表格及嵌套表格布局如图 7-1 所示的页面（完成实验所需的图片与 Flash 文件均在实验文件夹的"资料"文件夹内）。

图 7-1　表格实验内容

（2）制作如图 7-2 所示的表单页面。

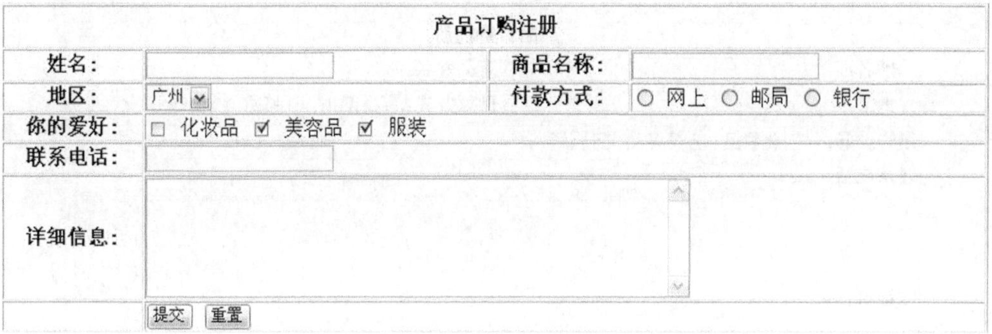

产品订购注册			
姓名：		商品名称：	
地区：	广州	付款方式：	○ 网上 ○ 邮局 ○ 银行
你的爱好：	□ 化妆品 ☑ 美容品 ☑ 服装		
联系电话：			
详细信息：			
提交　重置			

图 7-2　表单实验内容

7.5　实验效果示例

1. 表格布局网页示例

表格布局网页示例效果如图 7-3 所示。

图 7-3　表格布局网页示例效果

2. 表单实验示例

表单实验示例效果如图 7-4 所示。

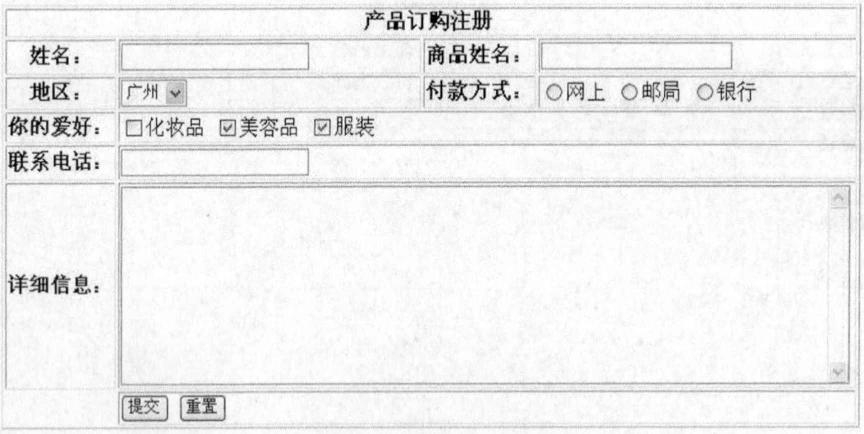

图 7-4　表单实验示例效果

7.6　实验步骤

1. 布局表格

（1）插入一个 3×2 的表格 A，宽度设为 600px；将第一行、第二行各列分别合并；然后在第一列插入一个 SWF 文件，设置适当的高度和宽度，在第二行插入图片。

（2）在第三行第一列插入 7×4 的表格 B，宽度为 380px，并设为左对齐；在第三行第二列插入 8×2 的表格 C，宽度为 200px，并设为右对齐。

（3）对表格 B 进行以下操作：

① 将第一、三、五行各单元格合并，分别插入图片"动画"、"桌面"、"音乐"，并设置每个图片的宽度为 70px；

② 在第二、四行各单元格分别插入图片与文字，并将各图片与文字设置成超链接，链接地址为"#"，均为居中对齐，文字大小均为 1 号字；

③ 将第六、七行的第一、二单元格合并，将第三、四单元格合并，分别在合并后各单元格内输入文字（森林猜想曲等……），文字均设为超链接，文字大小均为 2px。

（4）对表格 C 进行以下操作：

① 设置表格的对齐方式为底部对齐；

② 将前 6 行各单元格合并，分别插入图片与文字；

③ 在第七、八行的单元格中分别插入图片与文字，"新闻"部分文字前面加列表的前导符，左对齐，"三维"部分文字居中对齐；

④ 该表格中所有文字均设为超链接，文字大小均为 2px。

（5）调整表格之间的大小与搭配，完成示例，命名保存并查看效果。

2．制作表单

（1）新建一个 HTML 页面，插入一个表单容器。

（2）在表单容器内插入一个 7×4 的表格。

（3）将第一行和第七行所有列合并；将第四、五、六行的二、三、四列合并。

（4）分别在对应的单元格内放入相应的表单元素。

（5）保存文件并查看效果。

7.7 实验总结

（1）掌握建立表格的方法，表格的标记和属性，熟悉使用 Dreamweaver 创建表格和表格"属性"面板的操作。

表格是网页中处理数据最常用的一种方式，网页中的表格不仅有 HTML 的特性，同时增加了许多更吸引人的特点。可以说表格是整个网页设计的精华，它具有输入数据和进行分类列表的功能，当前大型网站几乎都是用表格来协助网页排版的。

（2）掌握创建表单的方法，熟悉文本域、复选框、单选按钮、列表/菜单等几种主要表单域的设置方法以及各表单域的属性设置。

表单要求以下两个组件：描述表单的 HTML 源代码和处理用户在表单域中输入信息的服务器端应用程序或客户端脚本。制作表单需要一个表单页面，可以使用 CSS 对页面进行基本的布局控制。

第二部分

Web 排版技术实践

实验 8
CSS 样式基本应用

8.1 实验目的

（1）掌握 CSS 样式的定义格式及常用属性。

（2）掌握在网页中使用 CSS 样式的方式。

8.2 实验环境

记事本、Editplus 或 Dreamweaver 等编辑器；IE 8 浏览器。

8.3 相关知识点

（1）CSS（Cascading Style Sheet，层叠样式表）是一种格式化网页的标准方式，它扩展了 HTML 的功能，使用户能够以更有效的方式设置网页格式。

（2）CSS 有以下优点。

① 将格式和结构分离，有利于格式的重用及网页的修改与维护。

② 精确控制页面布局，能够对网页的布局、字体、颜色、背景等图文效果实现更加精确的控制，制作占用空间更小、下载速度更快的网页。

③ CSS 只是简单的文本，使用它可以减少表格标记、图像用量及其他加大 HTML 占用空间的代码。

④ 可以实现许多网页同时更新。利用 CSS 样式表，可以将站点上的所有网页都指向同一个 CSS 文件。

（3）CSS 的使用规则：CSS 是由 3 个基本部分组成的，即"对象"、"属性"和"值"。

具体使用规则如图 8-1 所示。

```
张飞{
    身高: 185cm;          h2{
    体重: 105kg;              font-family: 宋体;
    性别: 男;                 font-size:15px;
    性格: 暴躁;               color: red;
    民族: 汉族;               text-decoration: underline;
}                        }
```

图 8-1　CSS 的使用规则

（4）CSS 选择器：包括普通选择器和复合选择器。

① 普通选择器。

在 CSS 的 3 个组成部分中，"对象"是很重要的，它指定了对哪些网页元素进行设置，因此，它有一个专门的名称——选择器（selector）。选择器包括标记选择器、类别选择器、ID 选择器。

② 复合选择器。

以上述选择器为基础，通过组合产生更多类型的选择器，实现更强、更方便的功能。复合选择器包括交集选择器、并集选择器和后代选择器。

（5）CSS 的继承特性。简单来说，就是将各个 HTML 标记看作一个个容器，其中被包含的小容器就会继承包含它的大容器的风格样式。

（6）CSS 有以下使用方式。

① 行内式：直接对 HTML 标记使用 style 属性。

② 内嵌式：将 CSS 写在<head></head>之间，并用<style></style>标记进行声明。

③ 链接式：在外部编写 CSS 文件，然后在 <head></head> 之间使用<link>标记链入，实现 HTML 与 CSS 的分离。

④ 导入式：功能与链接式相同，在<style>中使用 import 导入，类似内嵌式的效果。

（7）CSS 的优先等级。

① 行内式 > 内嵌式 > 外部样式。

② 在多个外部样式中，后出现的样式优先级高于先出现的样式。

③ 在样式中，选择器的优先级为：行内样式 > ID 样式 > class 样式 > 标记样式。

（8）CSS 的常用属性。

① 字体属性及其属性值如表 8-1 所示。

表 8-1　　　　　　　　　　　　　　　　字体属性及其属性值

字体属性	属性值	描　　述
font-family	宋体、黑体等	字体名
font-size	n（单位 pt）	字体大小
font-style	normal	设置文字以普通形式显示
	italic	设置文字以斜体形式显示
	oblique	与 italic 效果相同

字体属性	属性值	描　　述
font-weight	normal	普通形式显示
	bold	加粗显示
	bolder	特粗显示
	lighter	加细显示

② 文本属性及其属性值如表 8-2 所示。

表 8-2 文本属性及其属性值

文本属性	属性值	描　　述
letter-spacing	n（单位 px）	定义字符间距
line-height	n（单位 pt）	定义行间距
text-indent		设置文字的首行缩进
text-align	left	左对齐
	center	居中对齐
	right	右对齐
	justify	两端对齐
text-decoration	underline	下画线
	overline	上画线
	line-through	删除线
	blink	闪烁（只适用 NetScape 浏览器）
	none	无任何修饰

③ 颜色和背景属性及其属性值如表 8-3 所示。

表 8-3 颜色和背景属性及其属性值

颜色和背景属性	属性值	描　　述
color		定义颜色
background-color		设定一个元素的背景颜色
background-image		设定一个元素的背景图像
background-repeat	repeat-x	设置图像横向重复
	repeat-y	设置图像纵向重复
	repeat	设置图像横向和纵向重复
	no-repeat	设置图像不重复
background-position	left	设置图像居左放置
	right	设置图像居右放置

续表

颜色和背景属性	属性值	描　　述
background-position	center	设置图像居中放置
	top	设置图像向上对齐
	bottom	设置图像向下对齐

④ 边框属性及其属性值如表 8-4 所示。

表 8-4　　　　　　　　　　　　　　　边框属性及其属性值

边框属性	属性值	描　　述
border	color_value、width_value、style	设置边框的颜色、宽度和样式
border-top	color_value、width_value、style	设置上边框的颜色、宽度和样式
border-left	color_value、width_value、style	设置左边框的颜色、宽度和样式
border-right	color_value、width_value、style	设置右边框的颜色、宽度和样式
border-bottom	color_value、width_value、style	设置下边框的颜色、宽度和样式

⑤ 边框样式属性值如表 8-5 所示。

表 8-5　　　　　　　　　　　　　　　边框样式属性值

边框样式属性值	描　　述
none	设置无边框
dotted	设置边框由点组成
dash	设置边框由短线组成
solid	设置边框为实线
double	设置边框是双实线
hroove	设置边框带有立体感的沟槽
ridge	设置边框成脊形
inset	设置边框内嵌一个立体边框
outset	设置边框外嵌一个立体边框

⑥ 鼠标属性及其属性值如表 8-6 所示。

表 8-6　　　　　　　　　　　　　　　鼠标属性及其属性值

鼠标属性	属性值	描　　述
cursor	hand	设置鼠标为手形状
	crosshair	设置鼠标为十字交叉形状
	text	设置鼠标为文本选择形状
	wait	设置鼠标为 Windows 的沙漏形状

鼠标属性	属性值	描　述
cursor	default	设置鼠标为默认形状
	help	设置鼠标为带问号形状
	e-resize	设置鼠标为指向东的箭头
	ne-resize	设置鼠标为指向东北的箭头
	n-resize	设置鼠标为指向北的箭头
	nw-resize	设置鼠标为指向西北的箭头
	w-resize	设置鼠标为指向西的箭头
	sw-resize	设置鼠标为指向西南的箭头
	s-resize	设置鼠标为指向南的箭头
	se-resize	设置鼠标为指向东南的箭头

⑦ 定位属性及其属性值如表 8-7 所示。

表 8-7　　　　　　　　　　　　　　定位属性及其属性值

定位属性	属性值	描　述
positiong	absolute	对元素进行绝对定位
	relative	对元素进行相对定位
top		设置层距离顶点纵坐标的距离
left		设置层距离顶点横坐标的距离
width		设置层的宽度
height		设置层的高度
z—index		决定层的先后顺序和覆盖关系，值较高的元素会覆盖值较低的元素
clip		限定只显示剪裁出来的区域，剪裁出来的区域为矩形。只要设定两个点即可，一个矩形左上角的顶点，由 top 和 left 两项设置完成，一个是右下角的顶点，由 bottom 和 right 两项设置完成
overflow	visible	当层内的内容超出层所能容纳的范围时，显示层大小及内容
	hidden	当层内的内容超出层所能容纳的范围时，隐藏层大小及内容
	scroll	不管层内容是否超出层所能容纳的范围，层总是显示滚动条
	auto	当层内的内容超出层所能容纳的范围时，层才显示滚动条

⑧ 区块属性如表 8-8 所示。

表 8-8　　　　　　　　　　　　　　区块属性

区块属性	描　述
width	设定对象的宽度

区块属性	描　　述
height	设定对象的高度
float	让文字环绕在一个元素周围
clear	指定在某区块的某一边是否允许有环绕的文字或对象
padding	设置在边框与内容之间应该插入多少空间间距，它有 4 个属性：top、bottom、left 和 right，分别用于设定上下左右的填充距离
margin	设置一个元素在 4 个方向上与浏览器的窗口边界或上一级元素的距离，与 padding 类似，它也有 4 个属性：top、bottom、left 和 right，分别用于设定元素与边框上下左右的距离

⑨ 列表属性及其属性值如表 8-9 所示。

表 8-9　　　　　　　　　　　　　　列表属性及其属性值

列表属性	属性值	描　　述
list-style-type（设定引导列表项目的符号类型）	disc	在列表项前添加●实心圆点
	circle	在列表项前添加○空心圆点
	square	在列表项前添加■实心方块
	decimal	在列表项前添加普通的阿拉伯数字
	lower-roman	在列表项前添加小写的罗马数字
	upper-roman	在列表项前添加大写的罗马数字
	lower-alpha	在列表项前添加小写的英文字母
	upper-alpha	在列表项前添加大写的英文字母
	none	在列表项前不添加任何的项目符号或编号
list-style		选择图像作为列表项的引导符号
position（决定列表项的缩进程度）	outside	列表贴近左侧边框显示
	inside	列表缩进显示

⑩ 超链接特效。

在 HTML 中，超链接是通过<a>标记来实现的，例如：

```
<a href="http://www.sise.com.cn">华软网</a>
```

在默认浏览器的浏览方式下，超链接统一为蓝色且有下画线，被单击过的超链接则为紫色并且也有下画线。

通过 CSS 可以设置超链接的各种属性，如用最简单的方法去掉超链接的下画线：

```
a{
text-decoration:none;/*去掉下画线*/
}
```

超链接如以下 4 种状态。

（a）a:link，超链接的普通样式，即正常浏览状态的样式。

（b）a:visited，被单击过的超链接样式。

（c）a:hover，鼠标指针经过的超链接样式。

（d）a:active，在超链接上单击时，即"当前激活"时的超链接样式。

8.4　实验内容（必做实验）

（1）在网页中使用 HTML 标记符的 style 属性来应用 CSS 样式（行内式），实现如图 8-2 所示的效果。

（2）在网页中使用 style 标记符来应用 CSS 样式（内嵌式），实现如图 8-3 所示的效果。

（3）在网页中使用 link 标记符来应用 CSS 样式（链接式），实现如图 8-4 所示的效果。

8.5　实验效果示例

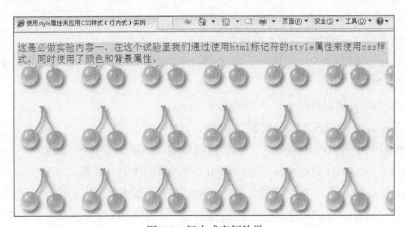

图 8-2　行内式实例效果

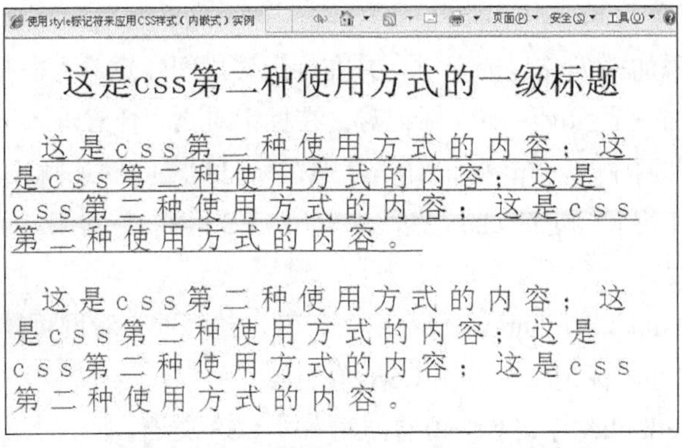

图 8-3　内嵌式实例效果

图 8-4　链接式实例效果

8.6　实验步骤

（1）在网页中使用 HTML 标记符的 style 属性来应用 CSS 样式。

① 打开记事本或 Editplus 等文本编辑器，编写 HTML 文档。

② 在编辑器中输入 HTML 代码。

③ 将所提供的 2.jpg 文件复制到与当前 HTML 文档同一目录下。

④ 使用<body>的 style 属性来设置网页正文颜色为 "#0000FF"，背景图像为所提供的 2.jpg。

⑤ 添加<p></p>标记对，在标记对之间任意输入一段文本。

⑥ 使用 p 标记符的 style 属性设置文本的背景颜色为 "#FFCCCC"。

⑦ 以扩展名为 ".html" 或 ".htm" 保存网页，双击执行并查看网页效果，如图 8-2 所示。

（2）在网页中使用 style 标记符来应用 CSS 样式。

① 打开记事本或 Editplus 等文本编辑器。

② 在编辑器中使用 HTML 选择符（如 div 标记）定义 CSS 样式，设置段落文本的字体大小为 20pt、字间距为 6pt。

③ 以 ".css" 为扩展名保存文件（如：lab8_2.css）。

④ 使用记事本或 UltraEdit 等编辑器，制作一个 HTML 文档。

⑤ 在编辑器中输入 HTML 代码，并在头区域里使用<style></style>标记对。

⑥ 在<style></style>标记对之间使用@import 引入前面所定义的样式表文件 lab8_2.css。

⑦ 在<style></style>标记对之间定义 H1 的样式，使一级标题居中对齐。

⑧ 在<style></style>标记对之间分别使用自定义一个类和 ID 作为选择符来定义 CSS 样式。

⑨ 其中类的样式为：文本缩进 20pt，文本有下画线，而且文本行距为 20pt；ID 的样式为：文本缩进 20pt，文本颜色为 blue。

⑩ 在网页主体区添加一个<h1>标记对，并在标记对之间任意输入一行文本作为标题。

⑪ 在主体区域添加一个<div></div>标记对，在标记对之间任意输入一些文本。

⑫ 在主体区域添加两个<p></p>标记对，分别在标记对之间任意输入一段二行以上的文本。

⑬ 对第一段文本使用 p 标记的 class 属性来应用 CSS 样式表；对第二段文本使用 p 标记的 ID 属性来应用 CSS 样式表。

⑭ 以扩展名为 ".html" 或 ".htm" 保存网页，双击执行并查看网页效果，如图 8-3 所示。

（3）在网页中使用 link 标记符来应用 CSS 样式。

① 打开记事本或 Editplus 等文本编辑器创建一个 CSS 文档。

② 在编辑器中使用虚类选择符来定义超链接各种状态的 CSS 样式：设置默认状态的文本颜

色为 blue，没有下画线；活动状态的文本颜色为 red，并加粗显示，同时文本字号设置为 30px；访问后状态的文本颜色为 brown；悬停状态的文本颜色为 "#FFCCFF"，字体为 "隶书"，同时显示下画线。

③ 以 ".css" 为扩展名保存文件（如：lab8_3.css）。

④ 使用记事本或 UltraEdit 等编辑器，制作一个 HTML 文档。

⑤ 在编辑器中输入 HTML 代码，并在头区域里使用<link>标记符。

⑥ 在<link>标记中正确设置各属性，并设置链接到 "lab8_3.css" 文件。

⑦ 以扩展名为 ".html" 或 ".htm" 保存网页，双击执行并查看网页效果，如图 8-4 所示。

8.7 选做实验

打开 "选做实验.html"，通过 CSS 实现表格的表头固定效果，如图 8-5 所示。

（1）"在职研究生成绩单" 至 "平均分" 所在的表格：通过 CSS 定义所有单元格的背景颜色为黑色，文字为白色。

（2）"杜勇" 所在的表格：添加 div 将该表格套起来，通过 CSS 设置 div 的高度和宽度分别为240px、650px；设置滚动条自动出现。

（3）"杜勇" 所在的表格：通过 CSS 定义各单元格的背景颜色为黄色。

在职研究生成绩单							
姓名	性别	出生年月	年龄	英语	数学	中文	平均分
杜勇	女	1973/3/5	30	89	88	88	74
扶启安	男	1972/7/15	31	77	78	79	66
郭焱飚	男	1973/10/31	30	79	88	80	69
黄大平	男	1972/2/20	31	55	63	72	55
黄光武	男	1974/4/16	29	76	79	80	66
赖葆	男	1973/5/5	30	81	75	80	67
黎兴国	男	1974/7/8	29	85	90	87	73
黎志凯	男	1977/1/1	26	82	76	70	64
李艳娟	女	1975/12/23	28	88	80	85	70
刘敏	男	1973/8/11	30	67	55	73	56

图 8-5 通过 CSS 实现表格表头固定的实验效果

8.8 实验总结

本实验主要掌握 CSS 样式定义格式及常用属性，然后通过实践掌握在网页中使用 CSS 样式的方式。通过本次实验，达到熟练定义和使用 CSS 的目的。

本实验的难点是常用属性比较多，不容易熟记，需要通过不断的实践来熟练使用，而 CSS 的使用方式是必须掌握的重点内容。

实验 9

CSS 排版技术综合应用

9.1　实验目的

（1）掌握内部 CSS 样式和外部 CSS 样式文件。

（2）掌握应用 CSS 样式的方式。

9.2　实验环境

Editplus 或 Dreamweaver 等编辑器；IE 8 浏览器。

9.3　实验相关知识点

1. CSS 盒子模型的组成

盒子模型由 content（内容）、border（边框）、padding（内边距）、margin（外边距）组成。具体展示如图 9-1 所示。

（1）盒子边距的赋值方式。

① 完整赋值：盒子边距可通过 top、right、bottom、left 这 4 个参数对 4 个方向赋值。

② 简写赋值：如果给出 1 个属性值，那么表示 4 个方向的属性值相同；如果给出 2 个属性值，那么前者表示上下两边的属性，后者表示左右两边的属性；如果给出 3 个属性值，那么前者表示上边的属性，中间的数值表示左右两边的属性，后者表示下边的属性；如果给出 4 个属性值，那么依次表示上、右、下、左的属性，即顺时针排序。

（2）盒子之间的关系。

① <div>与<span>：<div>与<span>都是区块容器标记，可以容纳段落、标题、表格、图像等各种 HTML 元素；

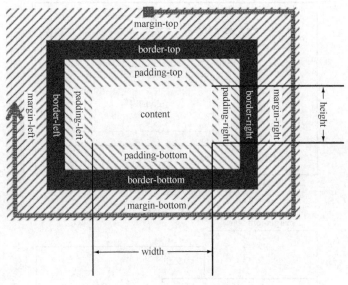

图 9-1　盒子模型的组成

② <div>与<span>的区别：<div>是块级元素，<div>内的元素会自动换行；<span>是行内元素，在它前后不会自动换行，没有结构意义，纯粹应用 CSS。

（3）盒子的定位原则。

行内元素之间使用水平定位 margin，如图 9-2 所示。

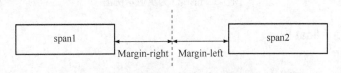

图 9-2　水平定位（margin）示例图

块级元素之间使用垂直定位 margin，如图 9-3 所示。

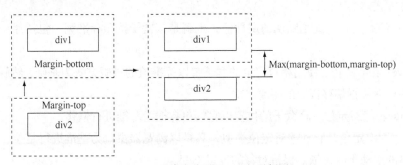

图 9-3　垂直定位（margin）示例图

嵌套盒子之间使用 margin，如图 9-4 所示。

将 margin 设为负值，会使设为负值的块向反方向移动，甚至覆盖在另一个块上面，如图 9-5 所示。

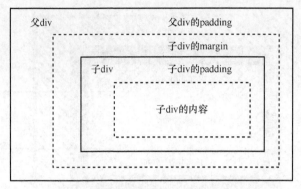

图 9-4　嵌套盒子示例图

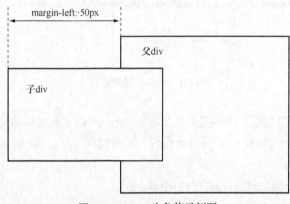

图 9-5　margin 为负值示例图

2．盒子的浮动（float）

（1）盒子的定位。

① 广义的"定位"：要将某个元素放到某个位置的时候，这个动作可以称为定位操作。

② 狭义的"定位"：在 CSS 中有一个非常重要的属性 position。然而，要使用 CSS 进行定位操作，并不仅仅通过这个属性来实现，因此不要把二者混淆。

（2）定位方式。

① static：静态定位，这是默认的属性值，也就是该盒子按照标准流（包括浮动方式）进行布局。

② relative：相对定位，使用相对定位的盒子常以标准流的排版方式为基础，然后使盒子相对于它在原本的标准位置偏移指定的距离。

③ absolute：绝对定位，将盒子的位置以它的包含框为基准进行偏移。

④ fixed：固定定位，它和绝对定位类似，只是以浏览器窗口为基准进行定位，也就是当拖动浏览器窗口的滚动条时，依然保持对象的位置不变。

（3）空间位置。

z-index 属性用于调整区块重叠时的上下位置，z-index 值大的区块位于值小的区块上方。

3．CSS 排版观念

CSS 排版将页面在整体上进行<div>分块，然后对各个块进行 CSS 定位，最后在各个块中添加相应的内容。

普遍的页面分为导航（banner）、主体（content）、链接（links）、脚注（footer）4 部分。通常，为了容易控制页面的这 4 个部分，会为它们添加一个父 div。

（1）固定宽度且居中的版式。

宽度固定且居中的版式是网络中最常见的排版方式之一，如图 9-6 所示。

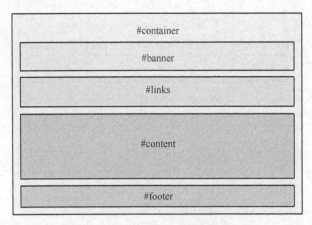

图 9-6　固定宽度且居中的版式示例图

在固定宽度且居中的版式中，也可以在相应的块中加入相应的元素进行改进，如#content、#links 等，具体如图 9-7 所示。

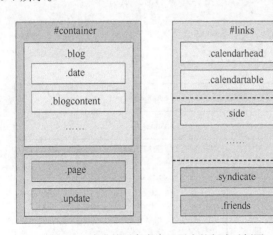

图 9-7　改进的固定宽度且居中的版式示例图

（2）左中右版式。

将网页分割为左、中、右 3 块也是网页中常见的排版方式，具体如图 9-8 所示。

设计思路：将左、中、右 3 块放在一个区域中，示例代码如下所示，效果如图 9-9 所示。

```
<div id="mainbox">
    <div id="left"></div>
    <div id="middle"></div>
    <div id="right"></div>
    </div>
```

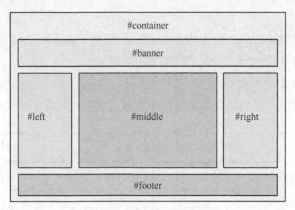

图 9-8 左中右版式示例图

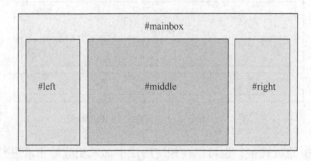

图 9-9 设计思路展示图

（3）CSS+div 与表格排版。

对图 9-10 所示的排版效果进行分析。

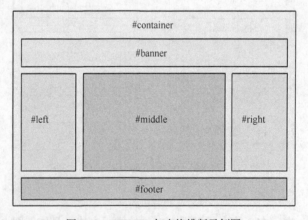

图 9-10 CSS+div 与表格排版示例图

表格和 div 布局的差异如下：

① 通过<table>各个单元格可以轻松划分各个模块，制作简单容易；CSS 通过 div 来划分模块，同时需要调整各模块之间的位置距离及排列；

② 各模块放在<table>单元格内，会随着单元格的大小自动调整，背景颜色等设置比较简单；CSS+div 的模块层层嵌套，背景颜色等样式属性的设置比较复杂；

③ 单元格可加入 CSS 的 margin 与 padding 等属性控制效果；

④ 表格布局比 CSS+div 布局维护要困难，例如要交换 left 和 right 的内容，表格布局的工作量与制作新的页面相当，而利用 CSS+div 布局方式只需修改位置即可实现。

9.4　实验内容（必做实验）

根据要求制作个人网页。

9.5　实验效果示例

实验效果如图 9-11 所示。

图 9-11　个人网页效果

9.6　实验步骤

制作个人网页的实验步骤如下：

（1）制作如图 9-11 所示的页面容器。

（2）使用的图像在 photos 目录下。

（3）对页面进行排版（固定宽度且居中的版式），如图 9-11 所示。

9.7　排版思路

宽度固定且居中的版式是网络中最常见的排版方式之一，首先将所有页面内容用一个大<div>包裹起来，指定该<div>的 ID 为 container，这个 ID 在整个页面中是唯一的。

部分代码如下：

```
body{
 margin:0px;
 padding:0px;
 text-align:center;
 background:#e9fbff;
}
```

解释：

（1）"margin:0px;"：指定页面四周的空隙都为 0。

（2）"text-align:center;"：是整个排版的关键语句，用于将页面<body>中的所有元素都设置为居中。

```
#container{
 position: relative;
 margin: 0 auto;
 padding:0px;
 width:700px;
 text-align: left;
 background:url(container_bg.jpg) repeat-y;
}
```

解释：

（1）"position: relative;"：相对定位，设置块相对于原来的位置。由于<body>已经设置了居中，因此这里不需要再调整，只是考虑到浏览器的兼容性加上这句代码。

（2）"margin: 0 auto;"：这是非常关键的一句，它使得该块与页面的上下边界距离为 0，左右则自动调整。这一句代码的完整写法为"margin: 0 auto 0 auto;"，这里采用了简写。

（3）"width:700px;"：设定固定宽度为 700px。

（4）"text-align: left;"：用来覆盖<body>中设置的对齐方式，使得#container 中的所有内容恢复左对齐。

部分代码展示如下：

```
<head>
<title>个人主页</title>
<style>
<!--
body, html{
 margin:0px;
 padding:0px;
 text-align:center;
 background:#e9fbff;
}
#container{
 position: relative;
 margin: 0 auto;
 padding:0px;
 width:700px;
 text-align: left;
 background:url(container_bg.jpg) repeat-y;
}
#banner{
 margin:0px; padding:0px;
}
#links{
 font-size:12px;
 margin:-18px 0px 0px 0px;
 padding:0px;
 position:relative;
…（后面自己把内容添加完整）


</style>
  </head>
<body>
<div id="container"> /*将所有页面内容用一个大<div> 包裹起来，指定该<div>的 ID 为 container*/
 <div id="banner">
    <img src="banner1.jpg" border="0">
 </div>
 <div id="links">
    <ul>
        <li>首页</li>
        <li>心情日记</li>
        <li>Free</li>
        <li>一起走到</li>
        <li>从明天起</li>
        <li>纸飞机</li>
```

```
        <li>下一站</li>
    </ul>
    <br>
 </div>
```

…（自己把内容添加完整）

```
<div id="footer">版权所有 2013.5.1 Next Station</div>
</div>
</body>
</html>
```

9.8   参考源代码

实验参考源代码如下：

```
<html>
<head>
<title>个人主页</title>
<style>
<!--
body, html{
    margin:0px; padding:0px;
    text-align:center;
    background:#e9fbff;
}
#container{
    position: relative;
    margin: 0 auto;
    padding:0px;
    width:700px;
    text-align: left;
    background:url(photos/container_bg.jpg) repeat-y;
}
#banner{
    margin:0px; padding:0px;
}
#links{
    font-size:12px;
    margin:-18px 0px 0px 0px;
    padding:0px;
    position:relative;
}
#links ul{
    list-style-type:none;
```

```
        padding:0px; margin:0px;
        width:700px;
}
#links ul li{
        text-align:center;
        width:100px;
        display:block;
        float:left;
}
#links br{
        display:none;
}
#leftbar{
        background-color:#d2e7ff;
        text-align:center;
        font-size:12px;
        width:150px; float:left;
        padding-top:20px;
        padding-bottom:30px;
        margin:0px;
}
#leftbar p{
        padding-left:12px; padding-right:12px;
}
#content{
        font-size:12px;
        float:left; width:550px;
        padding:5px 0px 30px 0px;
        margin:0px;
        background:url(photos/bg1.jpg) no-repeat bottom right;
}
#content p, {
        padding-left:20px; padding-right:15px;
}
#footer{
        clear:both; font-size:12px;
        width:100%;
        padding:3px 0px 3px 0px;
        text-align:center;
        margin:0px;
        background-color:#b0cfff;
}
.pic1{
        border:1px solid #00406c;
}
p.leftcontent{
```

```
        text-align:left;
        color:#001671;
    }
    h4{
        text-decoration:underline;
        color:#0078aa;
        padding-top:15px;
        font-size:16px;
    }
    -->
</style>
    </head>
<body>
<div id="container">
    <div id="banner">
        <img src="photos/banner1.jpg" border="0">
    </div>
    <div id="links">
        <ul>
            <li>首页</li>
            <li>心情日记</li>
            <li>Free</li>
            <li>一起走到</li>
            <li>从明天起</li>
            <li>纸飞机</li>
            <li>下一站</li>
        </ul>
        <br>
    </div>
    <div id="leftbar">
        <p><img src="photos/selfpic1.jpg" class="pic1">
        <br>我的日记本</p>
        <p class="leftcontent">秋天过半的时候，我搭上了一列火车。我不知道它将要去往的方向，那
铁路看上去无休无止地延伸着。</p>
        <p><img src="photos/selfpic2.jpg" class="pic1">
        <br>心情轨迹</p>
        <p class="leftcontent">无意间发见，白云的上面，长着许许多多的蒲公英。它在我面前迅速的
长大，风吹过的时候，纷纷升起，飞向无数的远方。</p>
    </div>
    <div id="content">
        <h4>介绍</h4>
        <p>火车经过一个又一个站台，窗外漫卷的蒲公英向我微笑着。我逐渐记起了自己旅行的目的，一直都
在下一站的前方。火车缓缓地驶入站台，汽笛声响的那一瞬间，车厢变得透明，我看见，自己和这长长的列车一起，正
在漫天飘舞着的蒲公英中飞行。</p>
```

```
<h4>转播设备</h4>
```

　　<p>我现在是在万泉河附近，我们的转播车就在旁边不远的地方，师傅马上将会把车开过来。我们的转播设备非常的先进，具体怎么先进我也说不清，师傅比我清楚，总之就是特别特别先进。好，现在师傅已经把转播车开过来了。……

```
</p>
<h4>旅程</h4>
```

<p>夕阳 染红蓝天

带走 美好的一天

风 吹过大地

炫美的世界

霞光 点亮星辰

燃起 辽远的梦幻

流星 划过夜空

忆起 逝夜的歌声

是谁昨夜背上行囊

唱一首满载风尘的歌

今夜才又想起拥抱的时刻

独自走的一段旅程

是否还装满苦涩

一路风雨飘摇 那坎坷对谁说

来吧看这远处亮起的点点星火

伸手触摸那写在匆匆旅程的歌

谁在转过的街口从容挥手

谁用欢笑和拥抱

记住这一刻

```
</p>
</div>
<div id="footer">版权所有 2013.5.1 Next Station</div>
</div>
</body>
</html>
```

9.9　选做实验

根据实验代码进行 CSS 综合应用实训练习，设计出自己的个人主页，如图 9-12 所示。单击导航栏中的热点菜单，能够实现有效链接。

图 9-12　应用 CSS 实现个人主页示例图

参考代码如下：

```
<!DOCTYPE html PUBLIC "-//W3C//DTD XHTML 1.0 Transitional//EN" "http://www.w3.org/TR/
xhtml1/DTD/xhtml1-transitional.dtd">
<html xmlns="http://www.w3.org/1999/xhtml">
<head>
<meta http-equiv="Content-Type" content="text/html; charset=gb2312" />
<title>我的个人主页，欢迎您的光临! </title>
<style type="text/css">
<!--
#Layer1 {
    position:absolute;
    left:574px;
    top:85px;
    width:330px;
    height:17px;
    z-index:1;
}
.STYLE1 {color:#000066}
-->
</style>
</head>

<body>
<div class="STYLE1" id="Layer1"><a href="index.html">首页</a>|平面作品|Flash 动画|网站
作品|留言</div>
```

```
<img src="image/back.jpg" width="880" height="800" />
</body>
</html>
```

9.10　实验总结

本实验主要介绍内部 CSS 样式和外部 CSS 样式文件，以及应用 CSS 样式的方式。其中的难点是盒子模型的定位与浮动，重点内容是 CSS 的排版布局方式。

第三部分

Web 动态技术实践

实验 10
JavaScript 基本技术应用

10.1　实验目的

（1）掌握流程控制语句。
（2）掌握函数的定义。

10.2　实验环境

记事本或 Editplus 编辑器；IE 8 浏览器。

10.3　相关知识点

10.3.1　流程控制语句

流程控制语句在任何一门编程语言中都是至关重要的，JavaScript 也不例外。JavaScript 中提供了 if 条件判断语句、for 循环语句、while 循环语句、do...while 循环语句、break 语句、continue 语句和 switch 多路分支语句等流程控制语句。

1. 赋值语句

赋值语句是 JavaScript 程序中最常用的语句。程序中往往需要大量的变量来存储用到的数据，所以也会大量出现对变量进行赋值的赋值语句。赋值语句的语法格式如下：

变量名=表达式；

当使用关键字 var 声明变量时，可以同时使用赋值语句对声明的变量进行赋值。

例如，声明一些变量，并分别给这些变量赋值，代码如下：

var varible=80;

```
var varible="JavaScript 编程语言";
var b=true;
```

在 JavaScript 中，变量可以不先声明，而在使用时再根据变量的实际作用来确定其所属的数据类型。建议读者在使用变量前对其进行声明，因为声明变量的最大好处就是能及时发现代码中的错误。由于 JavaScript 是采用动态编译的，而动态编译时不易于发现代码中错误，特别是变量命名方面的错误。

2. 条件判断语句

所谓条件判断语句就是对语句中不同条件的值进行判断，进而根据不同的条件执行不同的语句。条件判断语句主要包括两类：一类是 if 判断语句，另一类是 switch 多分支语句。下面对这两种类型的语句进行详细讲解。

（1）if 语句。

if 语句是最基本、最常用的流程控制语句，可以根据条件表达式的值执行相应的处理。if 语句的语法格式如下：

```
if(表达式){
    语句块 1;
}
语句块 2;
```

参数说明：

① 表达式：必选项，用于指定条件表达式，可以使用逻辑运算符。

② 语句块 1：用于指定要执行的语句序列。当"表达式"的值为 true 时，执行该语句序列。

③ 语句块 2：用于指定要执行的语句序列。当"表达式"的值为 false 时，执行该语句序列。

（2）if...else 语句。

If...else 语句是 if 语句的标准形式，在 if 语句简单形式的基础之上增加一个 else 从句，当"表达式"的值是 false 时执行 else 从句中的内容。

if...else 语句的语法格式如下，执行流程如图 10-1 所示。

```
if(表达式){
语句块 1;
}else{
语句块 2;
}
```

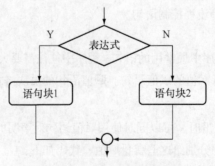

图 10-1　if...else 语句的执行流程

在 if 语句的标准形式中，首先对"表达式"的值进行判断，如果它的值为 true，则执行"语句块 1"中的内容，否则执行"语句块 2"中的内容。

例如，根据变量的值不同，输出不同的内容。

```
var a=0;                 //定义一个变量，值为 0
if(a==1){                //判断变量的值是否为 1
    alert("a==1");       //如果变量的值为 1，则弹出 a==1
}else{                   //使用 else 从句
    alert("a!=1");       //如果变量的值不为 1，则弹出 a!=1
}
```

运行结果：a!=1。

（3）if...else if 语句。

if 语句是一个使用很灵活的语句，除了可以使用 if...else 语句形式外，还可以使用 if...else if 语句形式。if...else if 语句的语法格式如下：

```
if (表达式 1){
    语句块 1;
}else if(表达式 2){
    语句块 2;
}
…
else if(表达式 n){
    语句块 n;
}else{
    语句块 n+1;
}
```

if...else if 语句的执行流程如图 10-2 所示。

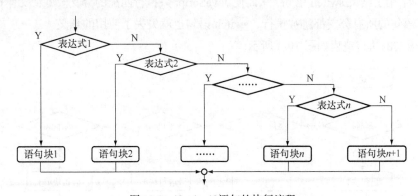

图 10-2　if...else if 语句的执行流程

（4）if 嵌套语句。

if 语句不但可以单独使用，而且可以嵌套应用，即在 if 语句的从句部分嵌套另外一个完整的 if 语句。在 if 语句中嵌套使用 if 语句，其外层 if 语句的从句部分的大括号{}可以省略。但是，在使用嵌套的 if 语句时，最好使用大括号{}来确定相互之间的层次关系，否则，由于大括号{}使用位置的不同，可能导致程序代码的含义完全不同，从而输出不同的内容。

（5）switch 语句。

switch 是典型的多路分支语句，其作用与嵌套使用 if 语句基本相同，但 switch 语句比 if 语句更具有可读性，而且 switch 语句允许在找不到一个匹配条件的情况下执行默认的一组语句。switch 语句的语法格式如下：

```
switch (表达式){
    case 判断 1:
            语句块 1;
            break;
    case 判断 2:
            语句块 2;
            break;
…
    case 判断 n:
            语句块 n;
            break;
    default:
            语句块 n+1;
            break;
}
```

参数说明：

① 表达式：任意的表达式或变量。

② 语句块：任意的常数表达式。当"表达式"的值与某个"判断"的值相等时，就执行此 case 后的"语句块"；如果"表达式"的值与所有"判断"的值都不相等，则执行 default 后面的"语句块"。

③ break：用于结束 switch 语句，从而使 JavaScript 只执行匹配的分支。如果没有 break 语句，则该 switch 语句的所有分支都将被执行，switch 语句也就失去了使用的意义。

switch 语句的执行流程如图 10-3 所示。

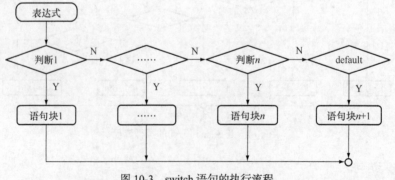

图 10-3　switch 语句的执行流程

JavaScript 中 switch 和其他语言的区别：其他语言 switch 表达式中的值通常是整数。也就是说计算之后的值要求为一个整数，比如 int、short、char 等，而且 case 后的值也通常为整数。

JavaScript 中 switch 的应用和其他语言很类似，但是它更有自己的独特之处，这就是你可以在 switch 语句中使用任何数据类型，无论是字符串还是对象，并且 case 后面的值可以是常量、变量或者表达式。

在程序开发的过程中，使用 if 语句还是使用 switch 语句可以根据实际情况而定，尽量做到物尽其用，不要因为 switch 语句的效率高就一味地使用，也不要因为 if 语句常用就不用 switch 语句。要根据实际情况，使用最适合的条件语句。一般对于判断条件较少的情况，可以使用 if 条件语句；但是在实现一些多条件的判断中，就应该使用 switch 语句。

3. 循环控制语句

所谓循环控制语句主要就是在满足条件的情况下反复执行某一个操作。循环控制语句主要包括 while、do...while 和 for，下面分别进行详解。

（1）while 语句。

while 语句也称为前测试循环语句，它是利用一个条件来控制是否要继续重复执行这个语句。while 循环语句与 for 循环语句相比，无论是语法还是执行的流程，都较为简单易懂。

while 循环语句的语法格式如下：

```
while(expression){
statement
}
```

参数说明：

① expression：一个包含比较运算符的条件表达式，用来指定循环条件。

② statement：用来指定循环体，在循环条件的结果为 true 时重复执行。

while 循环语句的执行流程如图 10-4 所示。

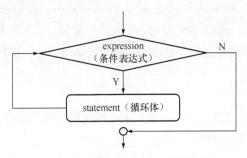

图 10-4　while 循环语句的执行流程

while 循环语句经常在循环次数不确定的情况下使用。在使用 while 语句时，一定要保证循环可以正常结束，即必须保证条件表达式的值存在为 false 的情况，否则将形成死循环。例如，下面的循环语句就会造成死循环，原因是 i 的值永远都小于 5。

```
var i=1;
while(i<=5){
alert(i);//输出 i 的值
}
```

（2）do...while 语句。

do...while 循环语句也称为后测试循环语句，它也是利用一个条件来控制是否要继续重复执行这个语句。与 while 循环不同的是，它先执行一次循环语句，然后去判断是否继续执行。do...while 循环语句的语法格式如下：

```
do{
    statement
} while(expression);
```

参数说明：

① statement：用来指定循环体，循环开始时首先被执行一次，然后在循环条件的结果为 true 时重复执行。

② expression：一个包含比较运算符的条件表达式，用来指定循环条件。

do...while 循环语句的执行流程如图 10-5 所示。

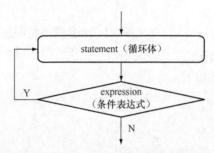

图 10-5　do...while 循环语句的执行流程

 　　　do...while 循环语句执行时先执行一次循环体，然后判断条件表达式，如果条件表达式的值为 true，则继续执行，否则退出循环。也就是说，do...while 循环语句中的循环体至少被执行一次。

do...while 语句结尾处的 while 语句括号后面有一个分号 "；"，在书写的时候一定不能遗漏，否则 JavaScript 会认为循环语句是一个空语句，后面大括号 "{}" 中的代码一次也不会执行，并且程序会陷入死循环。

（3）for 循环语句。

for 循环语句也称为计次循环语句，一般用于循环次数已知的情况，在 JavaScript 中应用比较广泛。for 循环语句的语法格式如下：

```
for(initialize;test;increment){
    statement
}
```

参数说明：

① initialize：初始化语句，用来对循环变量进行初始化赋值。

② test：循环条件，一个包含比较运算符的表达式，用来限定循环变量的边限。如果循环变量超过了该边限，则停止该循环语句的执行。

③ increment：用来指定循环变量的步幅。

④ statement：用来指定循环体，在循环条件的结果为 true 时重复执行。

for 循环语句的执行流程如图 10-6 所示。

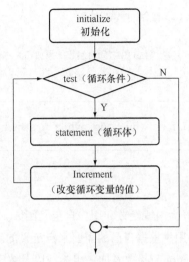

图 10-6　for 循环语句的执行流程

 for 循环语句执行时先执行初始化语句，然后判断循环条件，如果循环条件的结果为 true，则执行一次循环体，否则直接退出循环，最后执行迭代语句，改变循环变量的值，完成一次循环；接下来将进行下一次循环，直到循环条件的结果为 false 时才结束循环。

在使用 for 循环时，一定要保证循环可以正常结束，也就是必须保证循环条件的结果存在为 false 的情况，否则循环体将无休止地执行下去，从而形成死循环。例如，下面的循环语句就会造成死循环，原因是 i 永远大于等于 0。

```
for(i=0;i>=0;i++)
{
    alert(i);
}
```

4．跳转语句

（1）continue 语句。

continue 语句用于中止本次循环，并开始下一次循环。其语法格式如下：

```
continue;
```

 continue 语句只能应用在 while、for、do...while 和 switch 语句中。当使用 continue 语句终止本次循环后，如果循环条件的结果为 false，则退出循环，否则继续下一次循环。

（2）break 语句。

break 语句用于退出包含在最内层的循环或者退出一个 switch 语句。其语法格式如下：

```
break;
```

例如，在 for 语句中通过 break 语句中断循环的代码如下：

```
var sum=0;
for ( i=0;i<100;i++ ) {
```

```
    sum+=i;
    if  (sum>10)
break;               //如果 sum>10，就会立即跳出循环
}
document.write("0 至"+i+" (包括"+i+")之间自然数的累加和为: "+sum);
```

运行结果为："0 至 5（包括 5）之间自然数的累加和为：15"。

break 语句通常用在 for、while、do...while 或 switch 语句中。

10.3.2 函数的定义

在 JavaScript 中，函数可以分为内置函数和用户自定义函数。内置函数是由 JavaScript 语言自身为用户提供的，自定义函数是用户根据自己的需要来自定义的。

函数的定义是由关键字 function、函数名加一组参数以及置于大括号中需要执行的一段代码定义的。定义函数的基本语法如下：

```
function 函数名([参数 1, 参数 2,……]){
    函数语句体;
    [return 表达式;]
}
```

参数说明：

① 函数名：必选，用于指定函数名。在同一个页面中，函数名必须是唯一的，并且区分大小写。

② 参数：可选，用于指定参数列表。当使用多个参数时，参数间使用逗号进行分隔。一个函数最多可以有 255 个参数。

③ 函数语句体：必选，是函数体，用于实现函数功能的语句。

④ 表达式：可选，用于返回函数值。表达式为任意的表达式、变量或常量。

定义函数示例：计算 n 以内的累加和函数。

```
<script language="JavaScript">
function giveSumNTerms(n) {
var sum=0;
for(var i=0; i<= n; i++) {
sum += i;
}
return sum;
}
</script>
```

10.3.3 函数的调用

函数的调用有 3 种方式：函数的简单调用、在事件响应中调用函数和通过链接调用函数。

1. 函数的简单调用

函数的定义语句通常被放在 HTML 文件的<head></head>之间，而函数的调用语句通常被放

在<body></body>之间，如果在函数定义之前调用函数，执行时会报错。

函数的参数分为形式参数和实际参数。它们的区别是：

形式参数表明函数的类型和位置，实际参数是在函数调用时实际传递过去的值。

系统通常在函数调用之前为实际参数分配相应的内存，而却不为形式参数分配存储空间。因此在函数的执行过程中，实际参数参与了函数的运行。

2. 在事件响应中调用函数

当用户单击某个按钮或选中某个复选框时都将触发事件，通过编写程序对事件做出反应的行为称为响应事件。在 JavaScript 中，将函数与事件相关联就完成了响应事件的过程，比如当用户单击某个按钮时执行相应的函数。

3. 通过链接调用函数

函数除了可以在响应事件中被调用之外，还可以在链接中被调用，在<a>标签中的 href 属性中使用"javascript:关键字"格式来调用函数，当用户单击这个链接时，相关函数将被执行。

10.3.4　函数参数的使用

在 JavaScript 中定义函数的完整格式如下：

```
function 自定义函数名（形参1，形参2，……）
{
    函数语句体;
}
```

定义函数时，在函数名后面的圆括号内可以指定一个或多个参数（参数之间用逗号","分隔）。指定参数的作用在于：当调用函数时，可以为被调用的函数传递一个或多个值。

我们把定义函数时指定的参数称为形式参数，简称形参；而把调用函数时实际传递值的参数称为实际参数，简称实参。

如果定义的函数有参数，那么调用该函数的语法格式如下：

```
函数名（实参1，实参2，……）
```

通常，在定义函数时使用了多少个形参，在函数调用时也必须给出多少个实参，实参之间也必须用逗号","分隔。

10.3.5　函数的返回值

有时需要在函数中返回一个数值，以便在其他函数中使用，为了能够返回给变量一个值，可以在函数中添加 return 语句，将需要返回的值赋予到变量，最后将此变量返回。
基本语法如下：

```
script type="text/javascript">
function functionName(parameters){
    var results=somestaments;
    return results;
}
</script>
```

参数说明：

① parameters：函数参数。

② results：函数中的局部变量。

③ return：函数中返回变量的关键字，返回值在调用函数时不是必须定义的。

10.3.6　嵌套函数

所谓嵌套函数即在函数内部再定义一个函数，这样定义的优点在于可以使内部函数轻松获得外部函数的参数以及函数的全局变量等。

基本语法如下：

```
<script type="text/javascript">
  var OutterVariable=8;//定义全局变量
  function outterFunctionName(parameter1,parameter2)//定义外部函数
  {
  statements;//外部函数的语句体
  function innerFunctionName()//定义内部嵌套函数
  {
      statements;  //内部嵌套函数的语句体
  }
  }
</script>
```

参数说明：

① outterFunctionName：外部函数名称。

② innerFunctionName：嵌套函数名称。

10.3.7　递归函数

所谓递归函数就是函数在自身的函数体内调用自身。使用递归函数时一定要特别小心，处理不当将会使程序进入死循环。递归函数只在特定的情况下使用，比如处理阶乘问题。

基本语法如下：

```
<script type="text/javascript">
  var outter=10;
  function recursionFunctionName(paras1)//定义递归函数
  {
  recursionFunctionName(paras2); //调用自身
  }
</script>
```

参数说明：

recursionFunctionName：递归函数名称。

10.3.8　内置函数

在使用 JavaScript 时，除了可以自定义函数之外，还可以使用 JavaScript 的内置函数，这些内

置函数是由 JavaScript 自身提供的函数。

JavaScript 中的内置函数如表 10-1 所示。

表 10-1　　　　　　　　　　　　　JavaScript 内置函数

函　　　数	说　　　明
parseInt()	将字符型转化为整型
parseFloat()	将字符型转化为浮点型
eval()	求字符串中表达式的值
isFinite()	判断一个数值是否为无穷大
inNaN()	判断一个数值是否为 NaN
encodeURL()	将字符串转化为有效的 URL
decodeURL()	对 encodeURL()编码的文本进行解码
encodeURIComponent()	将字符串转化为有效的 URL 组件
DecodeURLComponent()	对 encodeURLComponent()编码的文本进行解码

10.4　实验内容（必做实验）

（1）设置 grade=88，使用 if…else 语句进行如下判断，示例效果如图 10-7 所示：

① 如果 grade>=60 且 grade<70，则在显示器上显示"不是很好，还需努力！"；

② 如果 grade>=70 且 grade<85，则在显示器上显示"不错啊，继续努力吧！"；

③ 如果 grade>=85，则在显示器上显示"太不可思议了，你太厉害了！"；

④ 否则，在显示器上显示"我无话可说！"。

（2）设置 grade="B"，使用 switch…case 语句进行如下判断，示例效果如图 10-8 所示：

① 如果 grade="C"，则在显示器上显示"不是很好，还需努力！"；

② 如果 grade="B"，则在显示器上显示"不错啊，继续努力吧！"；

③ 如果 grade="A"，则在显示器上显示"太不可思议了，你太厉害了！"；

④ 否则，在显示器上显示"我无话可说"。

（3）阅读如下代码，按照要求修改程序，以完成相应的功能。

首先创建一个日期对象，然后调用日期对象的 getHours()方法来获得时间中的小时数（使用 24 小时计时方法），如果时间小于 12 小时，则脚本在页面中写入"Good Morning"（如果时间大于 12 小时，则将看到空白页面，因为脚本不会在页面中写入任何内容）。

```
<script type="text/javaScript">
Date=new Date();
document.write(Date);
time=Date.getHours();
if(time<12){
document.write('Good Morning');
```

```
    }
</script>
```

修改代码，使其能够完成以下功能，示例效果如图 10-9 所示。

① 向中午 12 点之前到达页面的访问者输出"Good Morning"（使用一条 if 语句）；

② 向中午 12 点到下午 6 点之间到达页面的访问者输出"Good Afternoon"（再次使用一条 if 语句）（提示：可能需要使用逻辑运算符）。

③ 向下午 6 点到午夜之间到达页面的访问者输出"Good Evening"（再次使用一条 if 语句）。

10.5　实验效果示例

实验效果示例如图 10-7～图 10-9 所示。

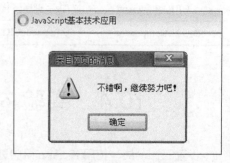

图 10-7　if…else 语句示例效果　　　　　　图 10-8　switch 语句示例效果

图 10-9　修改程序后的示例效果

10.6　实验步骤

（1）新建 HTML 文件，命名为 10-1.html，使用 JavaScript 标记插入 if...else 语句，根据实验内容（1）要求写出如下代码：

```
//实验内容第一部分
        var grade=88;
        if(grade>=60&&grade<70)
        {
            alert("不是很好，还需努力！");
```

```
    }else if(grade>=70&&grade<85)
    {
         alert("不错啊，继续努力啊! ");
    }else if(grade>=85)
    {
         alert("太不可思议了，你太厉害了! ");
    }else
    {
         alert("我无话可说! ");
    }
```

（2）继续在 JavaScript 标记中按照实验内容（2）要求，使用 switch 语句写出如下代码：

```
//实验内容第二部分
    var grade="B";
    switch(grade){
    case "A":alert("太不可思议了，你太厉害了! ");
    break;
    case "B":alert("不错啊，继续努力吧! ");
    break;
    case "C":alert("不是很好，还需努力! ");
    break;
    default:alert("我无话可说! ");
    }
```

（3）继续在 JavaScript 标记中按照实验内容（3）的要求修改代码，修改后的代码如下：

```
//实验内容第三部分
    Date=new Date();
    document.write(Date);
    document.write("<br>");
    document.write("现在时间是: "+Date.toLocaleString()+"<br>");
    time=Date.getHours();
    if (time<12){
    document.write('Good Morning')
    }else if(time>12&&time<=18){
    document.write('Good Afternoon!');
    }else{
    document.write('Good Evening!');
```

10.7 选做实验

应用 switch 语句判断当前是星期几。要求运行程序后，在当前页面显示现在是星期几。实例效果如图 10-10 所示。参考源码文件为 10-2.html。

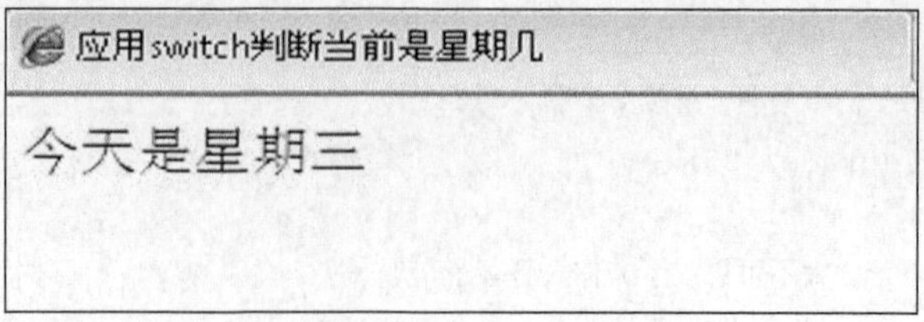

图 10-10   判断当前星期几

10.8   实验总结

本实验主要考察对流程控制语句和函数的掌握情况。实验给出了具体的思路和详细步骤，读者只要按照步骤就能够做出本实验。但是，限于篇幅，实验内容只给出了最简单的流程控制语句和函数使用方式。希望读者能够根据实验的思路举一反三，把其他未使用的流程控制语句和函数也通过编程实现，达到巩固所学知识的目的。

实验 11
JavaScript 核心技术应用

11.1　实验目的

能熟练运用内置对象和事件处理程序。

11.2　实验环境

记事本、Editplus 或 Dreamweaver 等编辑器，IE 8 浏览器。

11.3　相关知识点

11.3.1　内置对象

常用的内置对象主要包括 Array 对象、String 对象、Math 对象和 Date 对象。

1．Array 对象

（1）基本语法。

Array 对象是一连串相同或不同类型的数据群组。

建立数组对象有如下两种方法。

① 先声明后赋值。

```
var 数组对象名称 = new Array(数组元素个数)
```

或

```
var 数组对象名称 = new Array( )
```

使用示例：

```
var fruit=new Array(3)
fruit[0]="apple";
```

```
fruit[1]="pear";
fruit[2]="orange";
```

② 声明的同时赋值。

```
var 数组对象名称 = new Array(元素一,元素二,……)
```

使用示例：

```
var fruit=new Array("apple","pear","orange");
```

（2）数组元素的引用。

使用数组名可以获取整个数组的值，若要取数组元素的值，则需要使用数组名，同时借助下标。数组下标从 0 开始，到"长度-1"结束，即第一个元素的下标为 0，最后一个元素的下标为"长度-1"。

例如：fruit=new Array(3)的元素分别为 fruit[0]、fruit[1]、fruit[2]。

（3）Array 对象的常用属性。

length：获取数组长度，即数组元素个数。

（4）Array 对象的常用方法。

① reverse()：倒序数组对象。

② sort()：按字典顺序对数组元素进行重新排序。

③ join(分隔字符)：将数组内各个元素以分隔符连接成一个字符串。

④ push()：在数组尾部往数组中添加数组元素。

⑤ splice(m,n)：删除在 m 位置的 n 个元素。

（5）数组对象属性和方法的使用。

```
数组对象.属性
数组对象.方法(参数 1,参数 2,……)
```

2. String 对象

（1）基本语法。

String 对象是包装对象，用来保存字符串常量。

建立字符串对象的语法为：

```
var 字符串对象名称=new String(字符串常量)
```

（2）String 对象的常用属性。

length：用于判断字符串的字符长度。

（3）String 对象的常用方法。

有关处理字符串内容的方法如表 11-1 所示。

表 11-1　　　　　　　　　　　　　　处理字符串内容的方法

方　　法	意　　义
charAt(位置)	获取 String 对象在指定位置处的字符
indexOf(要查找的字符串)	获取查找的字符串在 String 对象中首次出现的位置
lastIndexOf(要查找的字符串)	获取查找的字符串在 String 对象中最后一次出现的位置

方　　法	意　　义
substr(索引值 I[,长度])	从 String 对象的字符串索引值处开始截取 String 对象的所有字符串或截取指定长度的字符串
substring(索引值 I,索引值 j)	截取由索引值 i 到索引值 j-1 之间的字符串
split(分隔符)	把 String 对象中的字符串按分隔符拆分成字符串数组
replace(需替代的字符串,新字符串)	用新字符串代替旧字符串
toLowerCase()	把 String 对象中的字符串转换成小写字母
toUpperCase()	把 String 对象中的字符串转换成大写字母
toString()	获取 String 对象的字符串值
valueOf()	获取 String 对象的原始值
Concat(字符串 1,字符串 2…)	将参数中的各字符串与 String 对象中的字符串连接成一个字符串

有关处理字符串显示的方法如表 11-2 所示。

表 11-2　　　　　　　　　　　　　　处理字符串显示的方法

方　　法	意　　义
bold()	设置 String 对象中字符串的字体加粗显示
fontcolor(颜色)	设置 String 对象中字符串的字体颜色
fontsize(大小)	设置 String 对象中字符串的字体大小
italics()	设置 String 对象中字符串的字体格式为斜体
big()	设置 String 对象中字符串的字体为大字体
small()	设置 String 对象中字符串的字体为小字体
strike()	设置 String 对象中的字符串显示删除线
sub()	设置 String 对象中的字符串以下标显示
sup()	设置 String 对象中的字符串以上标显示

（4）String 对象属性和方法的使用。

```
String对象.属性
String对象.方法(参数1,参数2,……)
```

（5）字符串对象的比较与字符串变量的比较。

① 字符串变量的比较：直接将两个字符串变量进行比较。

② 字符串对象的比较：必须先使用 toString()或 valueOf()方法获取字符串对象的值，然后对该值进行比较。

例如：

```
var str1="JavaScript";
var str2="JavaScript";
```

```
var strObj1=new String(str1);
var strObj2=new String(str2);
if(str1==str2)
if(strObj1.valueOf()==strObj2.valueOf())
```

3. Math 对象

Math 对象包含用来进行数学计算的属性和方法，其属性也就是标准的数学常量，其方法则构成了数学函数库。

（1）Math 对象的属性。

Math 对象的属性是数学中常用的常量，如表 11-3 所示。

表 11-3   Math 对象的属性

属　　性	描　　述
E	欧拉常量（2.718281828459045）
PI	圆周率常数 π（3.141592653589793）
SQRT2	2 的平方根（1.4142135623730951）
SQRT1-2	0.5 的平方根（0.7071067811865476）
LOG2E	以 2 为底数的 e 的对数（1.4426950408889633）
LN2	2 的自然对数（0.6931471805599453）
LOG10E	以 10 为底数的 e 的对数（0.4342944819032518）
LN10	10 的自然对数（2.3025850994046）

例如：

```
var piValue = Math.PI;        //计算圆周率
var rootofTwo = Math.SQRT2; //计算平方根
```

（2）Math 对象的常用方法。

Math 对象的常用方法如表 11-4 所示。

表 11-4   Math 对象的常用方法

方　　法	意　　义
abs(num)	返回 num 的绝对值
ceil(num)	返回大于等于 num 的最小整数
floor(num)	返回小于等于 num 的最大整数
max(n1,n2)	返回 n1、n2 中的最大值
min(n1,n2)	返回 n1、n2 中的最小值
pow(n1,n2)	返回 n1 的 n2 次方
sqrt(n)	返回 n 的平方根
random()	产生 0～1 之间的随机数
round(num)	返回 num 四舍五入后的整数

续表

方　　法	意　　义
exp(num)和 log(num)	返回以 e 为底的指数和自然对数值
sin(radianVal)、cos(radianVal)和 tan(radianVal)	分别是返回一个角的正弦、余弦和正切值的三角函数，输入的参数以弧度表示
asin(num)、acos(num)和 atan(num)	分别是返回一个角的反正弦、反余弦和反正切三角函数，这些函数的返回值以弧度表示

（3）Math 对象属性和方法的使用。

```
Math.属性
Math.方法(参数1,参数2,……)
```

4. Date 对象

（1）基本语法。

Date 对象可用来获取日期和时间。创建 Date 对象的方法为：

```
var dt=new Date(日期参数)
```

参数：

① 日期参数省略不写：用于获取系统当前日期和时间，如 today=new Date()。

② 日期字符串：式为"[月　日。公元年　时:分:秒]"或简写成"[月　日,公元年]"。例如：

```
today=new Date("October 1,2013 12:06:36")
today=new Date("October 1,2013")
```

③ 日期一律以数值表示：格式为"[公元年,月,日,时,分,秒]"或简写成"[公元年,月,日]"。例如：

```
today=new Date(2012,10,10,0,0,0)
today=new Date(2012,10,10)
```

（2）Date 对象属性和方法的使用。

```
Date 对象.属性
Date 对象.方法(参数1,参数2,……)
```

Date 对象的属性包括 constructor 和 prototype，下面介绍这两个属性的用法。

① constructor 属性。

例如，判断当前对象是否为日期对象，代码如下：

```
var today= new Date();
if(today.constructor==Date)
document.write("日期型对象");
```

② prototype 属性。

例如，用自定义属性来记录当前日期是本周的星期几，代码如下：

```
var today = new Date();//当前日期为2013-4-16

Date.prototype.extAtrribute=null;//向对象中添加属性

Today.extAtrribute=today.getDay();//向添加的属性中赋值

alert(today.extAtrribute);
```

（3）Date 对象的常用方法。

Date 对象的常用方法如表 11-5 所示。

表 11-5　　　　　　　　　　　　　　　Date 对象的常用方法

方　　法	属　　性
getDate()	根据本地时间返回 Date 对象的日期 1～31
getDay()	根据本地时间返回 Date 对象的星期数 0～6
getMonth()	根据本地时间返回 Date 对象的月份数 0～11
getYear()	根据本地时间返回 Date 对象的年份数（2000 年以前返回年份数后两位，2000 年以后返回 4 位）
getFullYear()	根据本地时间返回以 4 位整数表示的 Date 对象年份数
getHours()	根据本地时间返回 Date 对象的小时数
getMinutes()	根据本地时间返回 Date 对象的分钟数
getSeconds()	根据本地时间返回 Date 对象的秒数
getTime()	根据本地时间返回自 1970 年 1 月 1 日 00:00:00 以来的毫秒数
setYear(年份数)	根据本地时间设置 Date 对象的年份数
setFullYear(年份数[,月份,日期数])	根据本地时间设置 Date 对象的年份数
setDate(日期数)	根据本地时间设置 Date 对象的当月号数
setMonth(月[,日])	根据本地时间设置 Date 对象的月份数
setHours(小时[,分,秒,毫秒])	根据本地时间设置 Date 对象的小时数
setMinutes(分[,秒,毫秒])	根据本地时间设置 Date 对象的分钟数
setSeconds(秒[,毫秒])	根据本地时间设置 Date 对象的秒数
setMilliSeconds (毫秒)	根据本地时间设置 Date 对象的毫秒数
setTime(总毫秒数)	根据本地时间设置 Date 对象 1970 年 1 月 1 日 00:00:00 以来的毫秒
toLocaleString()	以本地时区格式显示，并以字符串表示

11.3.2　事件及事件驱动

基于对象的基本特征就是采用事件驱动（event-driven）。所谓事件，就是用户与 Web 页面交互时产生的操作，比如按下鼠标、移动窗口、选择菜单等。

事件驱动就是当事件发生后，会由此而引发一连串程序的执行（即事件响应）。

事件的调用一般需要通过特定对象本身所具有的事件来进行，然后通过自身所具有的事件来调用事件处理程序。事件处理程序可以是任意 JavaScript 语句，但是一般用特定的自定义函数来对事件进行处理。

11.3.3　常用事件

JavaScript 事件可以分为鼠标键盘事件、页面相关事件、表单相关事件、滚动字幕事件、编辑事件、数据绑定事件和外部事件。表 11-6 列出了 JavaScript 的常用事件。

表 11-6　　　　　　　　　　　　　　　JavaScript 常用事件

事　　件		事件关联的对象	含　　义
鼠标键盘事件	onclick	link 及所有表单（form）子组件	用户单击鼠标时触发的对象事件
	ondblclick	link 及所有表单（form）子组件	用户双击鼠标时触发的对象事件
	onmousedown	document、link 及所有表单子组件	用户按下鼠标时触发的对象事件
	onmouseup	document、link 及所有表单子组件	用户松开鼠标时触发的对象事件
	onmouseover	document、link 及所有表单子组件	当用户鼠标移动到某对象范围的上方时触发的对象事件
	onmousemove	document、link 及所有表单子组件	用户鼠标移动时触发的对象事件
	onmouseout	document、link 及所有表单子组件	当用户鼠标离开某对象范围时触发的对象事件
	onkeypress	image、link 及所有表单子组件	当用户键盘上的某个键被按下并释放时触发的对象事件
	onkeydown	image、link 及所有表单子组件	当用户键盘上某个按键被按下时触发的对象事件
	onkeyup	image、link 及所有表单子组件	当用户键盘上某个按键被按下后松开时触发的对象事件
页面相关事件	onabort	image	图形尚未完全加载前用户就单击了一个超链接或单击"停止"按钮时触发的事件
	onbeforeunload	document	当前页面的内容将要被改变时触发的事件
	onerror	image、window	加载文件或图像发生错误时触发的事件
	onload	document	页面内容加载完成时触发的事件
	onresize	window	当浏览器的窗口大小被改变时触发的事件
	onunload	document	当前页面关闭或退出时触发的事件
表单相关事件	onblur	window 及所有表单子组件	当前对象元素失去焦点时触发的事件
	onchange	window 及所有表单子组件，比如 Text、password、textarea、select	当前对象元素失去焦点并且元素的内容发生改变时触发的事件
	onfocus	window 及所有表单子组件	当某个对象元素获得焦点时触发的事件
	onreset	form 表单	当表单中 reset 的属性被激活时触发的事件
	onsubmit	form 表单	一个表单被提交时触发的事件

	事　　件	事件关联的对象	含　　义
滚动字幕事件	onbounace	marquee	在 marquee 内的内容移动至 marquee 显示范围之外时触发的事件
	onfinish	marquee	当 marquee 元素完成需要显示的内容后触发的事件
	onstart	marquee	当 marquee 元素开始显示内容时触发的事件
编辑事件	onbeforecopy	document	当页面当前被选择的内容将要复制到浏览者系统剪贴板时触发的事件
	onbeforecut	document	当页面中的一部分或全部内容被剪切到浏览者系统剪贴板时触发的事件
	onbeforeeditfocus	document	当前元素将要进入编辑状态时触发的事件
	onbeforepaste	document	当内容要从浏览者的系统剪贴板中粘贴到页面上时触发的事件
	onbeforeupdate	document	当浏览者粘贴系统剪贴板中的内容时通知目标对象
	oncontextmenu	document、form	当浏览者按下鼠标右键出现菜单或者通过键盘的按键触发页面菜单时触发的事件
	oncopy	document、form	当页面当前被选择的内容被复制后触发的事件
	oncut	document、form	当页面当前被选择的内容被剪切时触发的事件
	ondrag	document、form	当某个对象被拖动时触发的事件（活动事件）
	ondragend	document、form	当鼠标拖动结束时（即鼠标的按钮被释放时）触发的事件
	ondragenter	document、form	当对象被鼠标拖动进入其容器范围内时触发的事件
	ondragleave	document、form	当对象被鼠标拖动的对象离开其容器范围内时触发的事件
	ondragover	document、form	当被拖动的对象在另一对象容器范围内拖动时触发的事件
	ondragstart	document、form	当某对象被拖动时触发的事件
	ondrop	document、form	在一个拖动过程中，释放鼠标时触发的事件
	onlosecapture	document、form	当元素失去鼠标移动所形成的选择焦点时触发的事件
	onpaste	document、form	当内容被粘贴时触发的事件
	onselect	document、form	当文本内容被选择时触发的事件
	onselectstart	document、form	当文本内容的选择将开始发生时触发的事件

续表

事　件	事件关联的对象	含　义
onafterupdate	window、document、form	当数据完成数据源到对象的传送时触发的事件
oncellchange	window、document、form	当数据源发生变化时触发的事件
ondataavailable	window、document、form	当数据接收完成时触发的事件
ondatasetchange	window、document、form	数据在数据源发生变化时触发的事件
ondatasetcomplete	window、document、form	当数据源的全部有效数据读取完毕时触发的事件
onerrorupdate	window、document、form	当使用 onbeforeeupdate 事件触发取消了数据传送时，代替 onafterupdate 事件
onrowenter	window、document、form	当前数据源的数据发生变化并且有新的有效数据时触发的事件
onrowexit	window、document、form	当前数据源的数据将要发生变化时触发的事件
onrowsdelete	window、document、form	当前数据记录将被删除时触发的事件
onrowsinsertered	window、document、form	当前数据源将要插入新数据记录时触发的事件
onafterprint	window、document、form	当文档被打印后触发的事件
onbeforeprint	window、document、form	当文档即将被打印时触发的事件
onfilterchange	window、document、form	当某个对象的滤镜效果发生变化时触发的事件
onhelp	window、document、form	当浏览者按 F1 键或者单击浏览器的"帮助"菜单时触发的事件
onpropertychange	window、document、form	当对象的属性之一发生变化时触发的事件
onreadystatechange	window、document、form	当对象的初始化属性值发生变化时触发的事件

（数据绑定事件：onafterupdate～onrowsinsertered；外部事件：onafterprint～onreadystatechange）

11.3.4　事件处理程序

事件处理程序就是当某个事件发生后，处理事件的程序或函数（Event Handler）。

事件处理过程的定义方式为：在每一个事件名称前面加上 on 即可，如 onload、onclick。

事件处理程序的使用语法如下。

（1）常见的是将事件处理程序视为一种属性，直接嵌入到 HTML 标记内，如：

```
<body onload="alert('事件处理程序使用测试一')">
```

（2）另一种语法是视为对象属性，直接接在对象后面，如：

```
<script>
```

```
    document.onLoad=alert("事件处理程序使用测试二");
</script>
```

11.4 实验内容（必做实验）

（1）在网页中，在 HTML 标记符中直接添加脚本，实验效果如图 11-1 所示。

（2）在网页中，使用 JavaScript 标记嵌入脚本，实验效果如图 11-2 所示。

（3）新建一个空白文档，在文档中定义一个脚本函数（假设函数名为 getStrMsg）。

（4）使用 JavaScript 标记链接脚本文件，实验效果如图 11-3 所示。

11.5 实验效果示例

使用HTML 标记符中直接添加脚本实例
点点我看有什么东东
来自网页的消息
恭喜!你现在学会了在HTML标记符中嵌入脚本!
确定

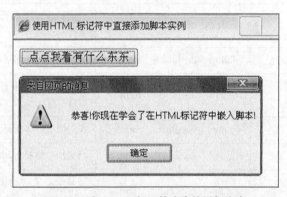

图 11-1 在 HTML 标记符中直接添加脚本

使用script 标记嵌入脚本实例
数组长度是：6
排序后的数组是：apple, banana, orange, peach, pear, tomato
倒序后的数组是：tomato, pear, peach, orange, banana, apple
指定字符连接后的数组是：tomato、pear、peach、orange、banana、apple

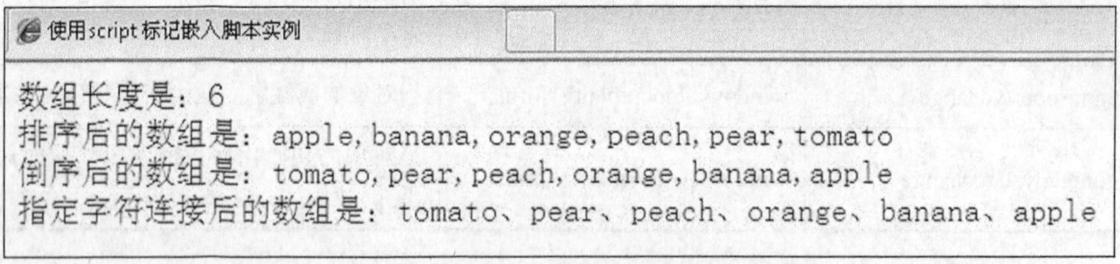

图 11-2 使用 JavaScript 标记嵌入脚本

使用script 标记符链接脚本文件实例
第一个o的位置是：24
字符串长度是：37
子字符串是：pear, peach
转换后的大写字符串是：APPLE, PEAR, PEACH, BANANA, ORANGE, TOMATO

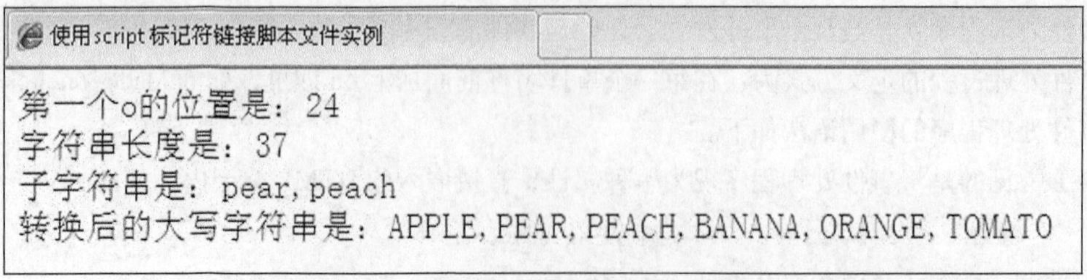

图 11-3 使用 JavaScript 标记链接脚本文件

11.6　实验步骤

（1）在网页中，在 HTML 标记符中直接添加脚本。

① 新建一个 HMTL 文档。

② 在主体区域添加一个<form></form>标记对。

③ 在表单标记对间添加一个 button，设置 value= "点点我看有什么东东"，设置 **onclick** 属性等于"alert('恭喜!你现在学会了在 HTML 标记符中嵌入脚本!')"。

④ 保存并执行该文件，实验结果如图 11-1 所示，单击按钮后弹出图 11-1 下图所示的警告对话框。

（2）在网页中使用 JavaScript 标记嵌入脚本。

① 新建一个 HMTL 文档。

② 在文档的头部区域添加一个<script></script>标记对，在标记对之间按以下要求嵌入脚本：

（a）建立一个长度为 6 的数组，并依次将数组各元素初始化成 apple、pear、peach、banana、orange、tomato；

（b）使用数组的 length 属性获取数组长度，并在显示器上显示该长度；

（c）对上述数组使用 sort()方法进行排序，并在显示器上显示排序后的数组；

（d）对上述数组使用 reverse()方法进行倒序，并在显示器上显示倒序后的数组；

（e）对上述数组使用 join("、")方法，将数组元素以"、"连接成一个字符串，并在显示器上显示该字符串。

③ 保存并执行该文件，实验结果如图 11-2 所示。

（3）新建一个空白文档，在文档中定义一个脚本函数（假设函数名为 getStrMsg）。

给定一串字符为"apple,pear,peach,banana,orange,tomato"，实现如下功能。

① 使用 String 内置对象的 indexOf("o")方法获取上述字符串中第一个字母"o"在字符串中的位置，并在显示器上显示该位置。

② 使用 String 内置对象的 length 属性获取上述字符串长度，并在显示器上显示该长度。

③ 使用 String 内置对象的 substring(6,16)方法获取上述字符串下标 6～16 之间的子串，并在显示器上显示所获子串。

④ 使用 String 内置对象的 toUpperCase()方法将上述字符串全部转换成大写字母，并在显示器上显示转换后的字符串。

⑤ 完成上述设置后，以".js"为扩展名保存文件（如 **strMsg.js**）。

实验步骤提示：

① 对给定的字符串创建一个字符串对象；

② 通过 **strObj** 字符串对象依次调用上述方法或属性实现相应功能；

③ 分别使用 **document.write**("在这里放置需输出的内容")语句在显示器上输出上述各结果。

11.7　选做实验

对所提供的 index.html 文件，根据以下实验内容进行修改，以实现相应的功能。

（1）获取系统当前时间，并在如图 11-4 所示的位置显示出来。

（2）利用事件处理程序处理鼠标事件：鼠标移到图片上时显示 pic3.jpg 图片，如图 11-5 所示；鼠标移开图片时显示 pic2.jpg 图片（原始图片），如图 11-4 所示。

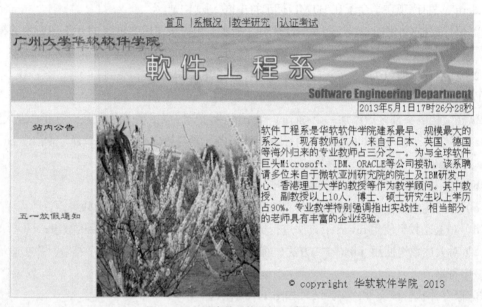

图 11-4　显示当前系统时间和默认图片

图 11-5　鼠标触发事件处理程序

（3）利用事件处理程序处理鼠标事件：鼠标移到滚动字幕上时字幕停止滚动；鼠标移开字幕时，字幕恢复滚动。

实验步骤提示：

① 滚动字幕停止滚动调用 stop()方法。

② 滚动字幕恢复滚动调用 stop()方法。

11.8　实验总结

内置对象和事件处理程序是 JavaScript 编程的核心技术。本实验让大家学会如何定义和使用事件处理程序以及内置对象。本实验的思路和步骤非常清晰，能够让大家通过实例深层次理解事件处理程序和内置对象的使用方法。但是，JavaScript 的内置对象和常用事件很多，限于课时安排，不可能在一次实验中全部涉及，希望大家能够举一反三，把相关知识点涉及的内置对象和常用事件在课下自己编程进行练习，以达到全面掌握本实验知识的目的。

第四部分

课程综合实训

实验 **12**
课程综合实训（课程设计）

12.1　实训意义

　　课程综合实训是教学过程中重要的实践性教学环节。它是根据专业教学计划的要求，在教师指导下，对学生进行的 Web 页面制作的专业技能训练，培养学生综合运用理论知识和解决实际问题的能力，实现由理论知识向操作技能的转化，是对理论与实践教学效果的检验，也是学生综合分析能力与独立工作能力的培养过程。因此，加强实践教学环节，搞好课程实训教学，对实现本专业的培养目标、提高学生的综合素养有着重要的作用。

12.2　实训目的

　　（1）培养学生运用所学的理论知识和技能解决网站开发过程中所遇到的实际问题的能力，提高基本工作素质。

　　（2）训练和培养学生获取信息和处理信息的能力，充分培养和提高学生的动手能力，让学生学会通过网站、书籍、素材光盘等方式搜集所需的文字资料、图像资料、网页特效等。

　　（3）训练和培养团队协作精神和共同开发网站的综合能力。

　　（4）通过综合实训进一步巩固、深化和扩展学生的理论知识与专业技能。主要包括：掌握规划网站的内容结构、目录结构、链接结构的方法；熟练掌握网页制作软件的基本操作和使用技能；掌握页面的整体控制和头部内容的设置方法；熟练掌握网页页面布局的各种方法；熟练掌握在网页中输入、设置标题和正文文字的方法；熟练掌握制作和处理网页的图片素材，用 Flash 制作简单动画的方法；熟练掌握在网页中插入图像、Flash 动画、背景音乐的方法；掌握建立各种形式的超链接的方法；掌握表单网页的制作方法；掌握网页特效的制作方法；掌握网站测试的方法。

12.3　前期准备

　　（1）动手制作网页之前要做好以下工作。

① 必须认真做好网站的需求分析，包括市场调查、定位网站目的、策划好网站的主题及功能定位、创意出网站的风格和亮点、确定网页色彩基调。

② 规划好网站的风格和结构、网站主要内容及板块、各板块的具体内容及功能，画出"网站层次结构图"以及"网页版面设计图"。

③ 根据指定的网站主题书编写《网站策划书》。

（2）创建完善的目录结构。

站点文件夹为班级、学号、组号（如：13 软开（01）班 01 组）

站点文件夹中所包含的文件夹有：

◆ Images（存放图片文件）；

◆ Swf（存放动画文件）；

◆ Templates（存放模板文件）；

◆ Library（存放库文件）；

◆ Other（存放其他文件）；

◆ 源文件（存放自己设计的图形、动画文件）。

其余视文件夹需要添加，全部用英文命名。

站点文件夹中所包含的文件有：

◆ index.html（首页）；

◆ *.css（样式表文件）。

其余文件名视需要添加，全部用英文命名。

（各组将站点文件夹压缩上交，压缩文件不要超过 3MB，大的影音文件不要放在压缩文件里）。

（3）制作网页前，搜集好所需的文字资料、图像资料、网页特效。用 Photoshop 制作和处理网页所需的图片、用 Flash 制作网页所需的动画。主要图片和动画为原创（保存有源文件），主页标题图片（动画）必须为原创。

（4）所创建的网站至少包括 8 个以上页面，分为 3 层，第一层为首页，第二层为 4 个二级子页，第三层为 3 个以上内容页。网页中必须用到 CSS 以及 div 技术实现网页元素的修饰及布局。网站页面大小应该满足至少 800 像素×600 像素分辨率。

① 首页采用表格或 CSS+div 进行布局，必须包含导航栏，显示时间特效；

② 4 个二级子页分别为框架网页、表单网页（并有进行表单验证及提交的程序）、利用模板制作的网页、利用布局表格制作的网页。

③ 内容页分别为表格或 CSS+div 布局的网页。

④ 网站页面中的特效要求利用 JavaScript+CSS+div 实现包含至少使用任何一种以上特殊效果：滚动字幕和图片、Flash 按钮、浮动广告、特效菜单等。应用 JavaScript 制作特效的网页、应用行为制作特效的网页。

⑤ 各个页面根据需要插入合适的图像和 Falsh 动画，首页要求插入背景音乐。

⑥ 所有页面要求内容充实、布局合理、颜色搭配协调、美观大方。

⑦ 各个页面之间导航清晰，链接准确无误。

（5）网页的版面尺寸应符合网页设计的规范，网站中所有文件、文件夹的命名应规范，尽量做到字母数量少，见名知意、容易理解。

（6）实训过程中既要虚心接受老师的指导，又要充分发挥主观能动性，独立思考、努力钻研、勤于实践、勇于创新。

（7）在设计过程中，要严格要求自己，树立严密、严谨的科学态度，必须按时、保质、保量地完成实训任务。要求独立完成规定的实训内容，不得弄虚作假，不准抄袭他人的网页或其他内容。

（8）小组成员之间既要分工明确，又要密切合作，培养良好的互助、协作精神。

（9）实训期间，严格遵守学校的规章制度，不得迟到、早退、旷课。缺课节数达三分之一以上者，实训成绩按不及格处理。

（10）实训环境为 Windows XP 及以上版本的操作系统，网页制作软件为 Dreamweaver，应可以运用 Photoshop 制作和处理图像，运用 Flash 制作动画。

12.4 实训步骤

表 12-1   实训步骤

序 号	任 务	内 容
1	实训任务讲解	项目任务分析
2	网站策划	画出网站结构草图
		确定栏目
		进行版面设计
		搜集素材
3	制作网页	建立站点
		进行主页的设计与制作
		进行其他页面的设计
		建立几个页面间的链接关系
4	测试网站	检查网页的运行情况
5	作品提交与评分	依照评分表进行考核
6	编写实训报告	参见附录
合计		

12.5　评分标准

表 12-2　　　　　　　　　　　　　　实训评分标准

序号	考核项目		评分比例
1	网站策划书	网站策划书书写认真、完整、字迹清楚、页面整洁、内容充实	30%
2	网站效果	内容方面：主题明确，内容健康、具体，各个页面的文字、图像、动画能够清晰地表达主题，各级内容层次清晰，同级页面格式统一	60%
		版面结构：版面结构合理，页面色调和谐，每个页面都有返回上一级或链接到其他页面的文字或按钮	
		视觉感受：色彩搭配协调、美观，页面设计规范，没有出现乱码、空链接和错误链接	
		技术方面：CSS 以及 div 技术实现的网页元素的修饰及布局准确	
		网站风格：网站具有特色，主题、文字、图像、动画有创新	
3	创新情况	制作的网页具有独创性，构思巧妙、有新意	5%
4	成员协作	小组成员协作精神强，所有成员均在规定时间内完成实训任务，无雷同或抄袭现象	5%
	合计		100%

12.6　网站策划书文档格式

××××网站策划书

（宋体、小 2 号、加粗、居中）

一、网站分析与定位（宋体、小 4 号、加粗）

1. 建设网站目的主题及功能定位（宋体、小 4 号、1.5 倍行距）

2. 网站市场需求分析

3. 网站的特色和创新点

4. 网站技术解决方案

二、网站设计方案（宋体、小 4 号、加粗）

1. 网页 UI 设计方案（宋体、小 4 号、1.5 倍行距）

2. 网站主要内容及板块设计

3. 各板块详细设计

三、网站层次结构（宋体、小 4 号、加粗）

1. 网站层次结构图（宋体、小 4 号、1.5 倍行距）

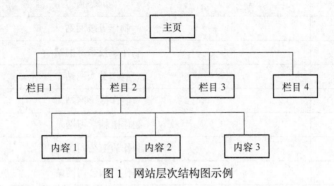

图 1　网站层次结构图示例

2. 网页各级版面设计图

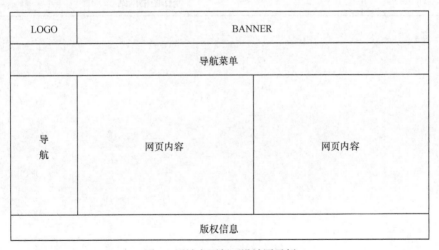

图 2　网站主页版面设计图示例

四、网站运行环境及配置（宋体、小 4 号、加粗）

五、网站实施日程表（4 号、加粗、宋体）

12.7 实训题目参考

表 12-3   实训题目

序号	实训题目
1	制作班级网站
2	制作学校系部网站
3	制作个人网站
4	制作摄影网站
5	制作电脑学习网站
6	制作旅游公司网站
7	制作电脑公司网站
8	制作体育知识网站
9	制作军事知识网站
10	制作图书网站

附录 A
实训报告编写要求

1. 封面
2. 目录
3. 网站全名及 Logo 标志
4. 建立网站的目的、意义
5. 网站设计创意
6. 网站的栏目设计
7. 网站的结构图和页面组成
8. 网站设计中具体实现的关键功能和相关技术说明
9. 网站建设的心得体会
10. 参考资料

1. 跑马灯

标　　签	功　　能
\<marquee\>...\</marquee\>	普通卷动
\<marquee behavior=slide\>...\</marquee\>	滑动
\<marquee behavior=scroll\>...\</marquee\>	预设卷动
\<marquee behavior=alternate\>...\</marquee\>	来回卷动
\<marquee direction=down\>...\</marquee\>	向下卷动
\<marquee direction=up\>...\</marquee\>	向上卷动
\<marquee direction=right\>...\</marquee\>	向右卷动
\<marquee direction=left\>...\</marquee\>	向左卷动
\<marquee loop=2\>...\</marquee\>	卷动次数
\<marquee width=180\>...\</marquee\>	设定宽度
\<marquee height=30\>...\</marquee\>	设定高度
\<marquee bgcolor=FF0000\>...\</marquee\>	设定背景颜色
\<marquee scrollamount=30\>...\</marquee\>	设定卷动距离
\<marquee scrolldelay=300\>...\</marquee\>	设定卷动时间

2. 字体效果

标　　签	功　　能
\<h1\>...\</h1\>	标题字（最大）
\<h6\>...\</h6\>	标题字（最小）
\<b\>...\</b\>	粗体字
\<strong\>...\</strong\>	粗体字（强调）
\<i\>...\</i\>	斜体字
\<em\>...\</em\>	斜体字（强调）

续表

标　签	功　能
\<dfn\>...\</dfn\>	斜体字（表示定义）
\<u\>...\</u\>	底线
\<ins\>...\</ins\>	底线（表示插入文字）
\<strike\>...\</strike\>	横线
\<s\>...\</s\>	删除线
\<del\>...\</del\>	删除线（表示删除）
\<kbd\>...\</kbd\>	键盘文字
\<tt\>...\</tt\>	打字机字体
\<xmp\>...\</xmp\>	固定宽度字体（在文件中空白、换行、定位功能有效）
\<plaintext\>...\</plaintext\>	固定宽度字体（不执行标记符号）
\<listing\>...\</listing\>	固定宽度小字体
\<font color=00FF00\>...\</font\>	字体颜色
\<font size=1\>...\</font\>	最小字体
\<font style =font-size:100 px\>...\</font\>	无限增大

3. 区断标记

标　签	功　能
\<hr\>	水平线
\<hr size=9\>	水平线（设定大小）
\<hr width=80%\>	水平线（设定宽度）
\<hr color=FF0000\>	水平线（设定颜色）
\<br\>	（换行）
\<nobr\>...\</nobr\>	水域（不换行）
\<p\>...\</p\>	水域（段落）
\<center\>...\</center\>	居中

4. 链接

标　签	功　能
\<base href=地址\>	预设链接路径
\<a href=地址\>\</a\>	外部链接
\<a href=地址　target=_blank\>\</a\>	外部链接（在新窗口中打开）
\<a href=地址　target=_top\>\</a\>	外部链接（全窗口链接）
\<a href=地址　target=页框名\>\</a\>	外部链接（在指定页框链接）

5. 图像/音乐

标　　签	功　　能
<img src=图片地址>	设置图片地址
<img src=图片地址　width=180>	设定图片宽度
<img src=图片地址　height=30>	设定图片高度
<img src=图片地址　alt=提示文字>	设定图片提示文字
<img src=图片地址　border=1>	设定图片边框
<bgsound src=MID 音乐文件地址>	设定背景音乐

6. 表格

标　　签	功　　能
<table aling=left>...</table>	表格位置置左
<table aling=center>...</table>	表格位置置中
<table background=图片路径>...</table>	设置背景图片的 URL
<table border=边框大小>...</table>	设定表格边框大小（使用数字）
<table bgcolor=颜色码>...</table>	设定表格的背景颜色
<table bordercolor=颜色码>...</table>	设定表格边框的颜色
<table bordercolordark=颜色码>...</table>	设定表格暗边框的颜色
<table bordercolorlight=颜色码>...</table>	设定表格亮边框的颜色
<table cellpadding=参数>...</table>	指定内容与网格线之间的距离（使用数字）
<table cellspacing=参数>...</table>	指定网格线与网格线之间的距离（使用数字）
<table cols=参数>...</table>	指定表格的栏数
<table frame=参数>...</table>	设定表格外框线的显示方式
<table width=宽度>...</table>	指定表格的宽度大小（使用数字）
<table height=高度>...</table>	指定表格的高度大小（使用数字）
<td colspan=参数>...</td>	指定储存格合并行的行数（使用数字）
<td rowspan=参数>...</td>	指定储存格合并列的列数（使用数字）

7. 分割窗口

标　　签	功　　能
<frameset cols="20%,*">	左右分割，将左侧框架分割大小为 20%，右侧框架的大小浏览器会自动调整
<frameset rows="20%,*">	上下分割，将上侧框架分割大小为 20%，下侧框架的大小浏览器会自动调整
<frameset cols="20%,*,20%">	分割左中右 3 个框架

续表

标　　签	功　　能
<frameset rows="20%,*,20%">	分割上中下 3 个框架
<!--...-->	批注
<a href target>	指定超链接的分割窗口
<a href=#锚的名称>	指定锚名称的超链接
<a href>	指定超链接
<a name=锚的名称>	被链接点的名称
<address>...</address>	用来显示电子邮箱地址
<b>	粗体字
<base target>	指定超链接的预设窗口
<basefont size>	更改预设字形大小
<bgsound src>	加入背景音乐
<big>	显示大字体
<blink>	显示闪烁的文字
<body text link vlink>	设定文字颜色
<body>	显示本文
 	换行
<caption align>	设定表格标题位置
<caption>...</caption>	为表格加上标题
<center>	居中对齐
<cite>...</cite>	用于引用经典的文字
<code>...</code>	用于列出一段程序代码
<comment>...</comment>	加上批注
<dd>	设定定义列表的项目解说
<dfn>...</dfn>	显示"定义"文字
<dir>...</dir>	列表文字卷标
<dl>...</dl>	设定定义列表的卷标
<dt>	设定定义列表的项目
<em>	强调之用
<font face>	指定所用的字形
<font size>	设定字体大小
<form action>	设定互动式窗体的处理方式
<form method>	设定互动式窗体的资料传送方式

标　签	功　能
<frame marginheight>	设定窗口的上下边界
<frame marginwidth>	设定窗口的左右边界
<frame name>	为分割窗口命名
<frame noresize>	锁住分割窗口的大小
<frame scrolling>	设定分割窗口的滚动条
<frame src>	将 HTML 文件加入窗口
<frameset cols>	将窗口分割成左右的子窗口
<frameset rows>	将窗口分割成上下的子窗口
<frameset>...</frameset>	划分分割窗口
<h1> ~ <h6>	设定标题文字大小
<head>	标示文件信息
<hr>	加上分隔线
<html>...</html>	文件的开始与结束
<i>	斜体字
<img align>	调整图形影像的位置
<img alt>	为图形影像加注
<img dynsrc loop>	加入影片
<img height width>	插入图片并预设图形大小
<img hspace>	插入图片并预设图形的左右边界
<img lowsrc>	预载图片功能
<img src border>	设定图片边界
<img src>	插入图片
<img vspace>	插入图片并预设图形的上下边界
<input type name value>	在窗体中加入输入字段
<isindex>	定义查询用的窗体
<kbd>...</kbd>	表示使用者输入文字
<li type>...</li>	有序的列表（可指定符号）
<marquee>	跑马灯效果
<menu>...</menu>	条列文字卷标
<meta name="refresh" content url>	自动更新文件内容
<multiple>	可同时选择多项的列表栏
<noframe>	定义不出现分割窗口的文字

标　　签	功　　能
\<ol>...\</ol>	有序号的列表
\<option>	定义窗体中列表栏的项目
\<p align>	设定对齐方向
\<p>	分段
\<person>...\</person>	显示人名
\<pre>	使用原有排列
\<samp>...\</samp>	用于引用字
\<select>...\</select>	在窗体中定义列表栏
\<small>	显示小字体
\<strike>	文字加下画线
\<strong>	用于加强语气
\<sub>	下标字
\<sup>	上标字
\<table border=n>	调整表格的宽线高度
\<table cellpadding>	调整数据域位的边界
\<table cellspacing>	调整表格线的宽度
\<table height>	调整表格的高度
\<table width>	调整表格的宽度
\<table>...\</table>	产生表格的卷标
\<td align>	调整表格字段的左右对齐方式
\<td bgcolor>	设定表格字段的背景颜色
\<td colspan rowspan>	表格字段的合并
\<td nowrap>	设定表格字段不换行
\<td valign>	调整表格字段的上下对齐方式
\<td width>	调整表格字段宽度
\<td>...\</td>	定义表格的数据域位
\<textarea name rows cols>	设定窗体中加入多少列的文字输入栏
\<textarea wrap>	决定文字输入栏是否自动换行
\<th>...\</th>	定义表格的表头字段
\<title>	定义文件标题
\<tr>...\</tr>	定义表格美一行
\<tt>	打字机字体

续表

标　　签	功　　能
\<u>	文字加下画线
\<ul type>...\</ul>	无序号的列表（可指定符号）
\<var>...\</var>	用于显示变量

附录 C
常用 CSS 属性

1. CSS–文字属性

语　言	功　能
color:#999999;	文字颜色
font-family:宋体,sans-serif;	文字字体
font-size:9pt;	文字大小
font-style:itelic;	文字斜体
font-variant:small-caps;	小字体
letter-spacing:1pt;	设置行距
line-height:200%;	设置行高
font-weight:bold;	文字粗体
vertical-align:sub;	下标字
vertical-align:super;	上标字
text-decoration:line-through;	加删除线
text-decoration:overline;	加顶线
text-decoration:underline;	加下画线
text-decoration:none;	删除链接下画线
text-transform:capitalize;	首字大写
text-transform:uppercase;	英文大写
text-transform:lowercase;	英文小写
text-align:right;	文字右对齐
text-align:left;	文字左对齐
text-align:center;	文字居中对齐
text-align:justify;	文字两端对齐
vertical-align:top;	垂直向上对齐
vertical-align:bottom;	垂直向下对齐

语　　言	功　　能
vertical-align:middle;	垂直居中对齐
vertical-align:text-top;	文字垂直向上对齐
vertical-align:text-bottom;	文字垂直向下对齐

2. CSS–项目符号

语　　言	功　　能
list-style-type:none;	不编号
list-style-type:decimal;	阿拉伯数字
list-style-type:lower-roman;	小写罗马数字
list-style-type:upper-roman;	大写罗马数字
list-style-type:lower-alpha;	小写英文字母
list-style-type:upper-alpha;	大写英文字母
list-style-type:disc;	实心圆形符号
list-style-type:circle;	空心圆形符号
list-style-type:square;	实心方形符号
list-style-image:url(/dot.gif)	图片式符号
list-style-position:outside;	凸排
list-style-position:inside;	缩进

3. CSS–背景样式

语　　言	功　　能
background-color:#F5E2EC;	背景颜色
background:transparent;	透明背景
background-image : url(image/bg.gif);	背景图片
background-attachment:fixed;	浮水印固定背景
background-repeat:repeat;	重复排列（网页默认）
background-repeat:no-repeat;	不重复排列
background-repeat:repeat-x;	在 x 轴重复排列
background-repeat:repeat-y;	在 y 轴重复排列
background-position:90% 90%;	背景图片在 x 与 y 轴的位置
background-position:top;	向上对齐
background-position:buttom;	向下对齐

语　言	功　能
background-position:left;	向左对齐
background-position:right;	向右对齐
background-position:center;	居中对齐

4. CSS−链接属性

语　言	功　能
a	所有超链接
a:link	超链接文字格式
a:visited	浏览过的链接文字格式
a:active	按下链接文字时的格式
a:hover	鼠标经到链接格式

5. CSS−鼠标属性

语　言	功　能
cursor:crosshair	十字体
cursor:s-resize	箭头朝下
cursor:help	加一问号
cursor:w-resize	箭头朝左
cursor:n-resize	箭头朝上
cursor:ne-resize	箭头朝右上
cursor:nw-resize	箭头朝左上
cursor:text	文字 I 型
cursor:se-resize	箭头朝右下
cursor:sw-resize	箭头朝左下
cursor:wait	漏斗

6. CSS−边框属性

语　言	功　能
border-top:1px solid #6699CC;	上框线
border-bottom:1px solid #6699CC;	下框线
border-left:1px solid #6699cc;	左框线
border-right : 1px solid #6699CC;	右框线
solid	实线框

语　　言	功　　能
dotted	虚线框
double	双线框
groove	立体内凸框
ridge	立体浮雕框
inset	凹框
outset	凸框

7. CSS–表单

语　　言	功　　能
`<input type="text" name="T1" size="15">`	文本域
`<input type="submit" value="submit" name="B1">`	按钮
`<input type="checkbox" name="C1">`	复选框
`<input type="radio" value="V1" checked name="R1">`	单选按钮
`<textarea rows="1" name="1" cols="15"></textarea>`	多行文本域
`<select size="1" name="D1"><option>选项 1</option><option>选项 2</option></select>`	列表菜单

8. CSS–边界样式

语　　言	功　　能
margin-top:10px;	上边界值
margin-right:10px;	右边界值
margin-bottom:10px;	下边界值
margin-left:10px;	左边界值

9. CSS–边框空白

语　　言	功　　能
padding-top:10px;	上边框留空白
padding-right:10px;	右边框留空白
padding-bottom:10px;	下边框留空白
padding-left:10px;	左边框留空白

附录 D
HTML 色彩运用基础知识

1. 色彩对心理的影响作用

不同波长的光作用于人的视觉器官以后，会导致对不同的色彩产生某种情感活动，从而影响人们的情绪和行动。

几种常用色彩的心理作用如下。

- 红色：兴奋、激动、欢乐、危险、紧张、恐怖等。
- 橙色：渴望、健康、跃动、成熟、向上等。
- 黄色：光明、轻快、丰硕、温暖、轻薄、颓废等。
- 绿色：生命、青春、成长、安静、满足等。
- 蓝色：深远、纯洁、冷静、沉静、悲痛、压抑等。
- 紫色：庄严、幽静、伤痛、神秘等。
- 黑色：深沉、庄严、阴森、沉默、凄凉等。
- 白色：纯洁、朴素、轻盈、单薄、哀伤等。
- 灰色：平淡、沉闷、寂寞、含蓄、高雅、安适等。

2. HTML 色彩

在 HTML 文档中，大部分元素都可以指定色彩，以表达不同的含义，使整个文档看起来更加美观且具有层次感。例如 body 节点的 text、link、alink、vlink 属性，或者 font 节点的 color 属性，都可以改变其文本子节点的色彩。

HTML 文档使用下列两种方式来表达色彩信息。

（1）命名色彩空间：HTML 文档中定义了 16 种最常用的颜色，并赋予其色彩名称，这 16 种色彩组成了所谓的命名色彩空间。

（2）RGB 色彩空间：除了命名色彩空间外，其余的颜色都没有直接给出名称，需要使用红、绿、蓝三原色进行混合。HTML 规定，一共可以混合出 16 777 216 种色彩，也称为真彩色。

使用 RGB 色彩空间的语法是"#红绿蓝"，每一种颜色用一个 0～FF 的十六进制数（即十进制数中的 0～255）来表示，称为某一个颜色的灰度。数字越大，这个颜色在 3 个颜色中占据的比例越高，混合后的颜色越偏向这个色彩。

例如：#FF0000 表示纯红色，#00FF00 表示纯绿色，#8EDFE8 表示淡青色（红色灰度为 142、绿色灰度 223、蓝色灰度 232）。

但实际上，并不是所有的浏览器或系统都可以正确地显示这些颜色，大多数浏览器只能显示其中的一部分。对于无法显示的颜色，浏览器会自动匹配一个相近的颜色来替代。所以一个网页代码编写完毕后，一定要使用几款不同的主流浏览器进行测试，以免发生预料之外的问题。

3. CSS 颜色参照表

英文代码	形象颜色	HEX 格式	RGB 格式
LightPink	浅粉红	#FFB6C1	255,182,193
Pink	粉红	#FFC0CB	255,192,203
Crimson	猩红	#DC143C	220,20,60
LavenderBlush	脸红的淡紫色	#FFF0F5	255,240,245
PaleVioletRed	苍白的紫罗兰红色	#DB7093	219,112,147
HotPink	热情的粉红	#FF69B4	255,105,180
DeepPink	深粉色	#FF1493	255,20,147
MediumVioletRed	适中的紫罗兰红色	#C71585	199,21,133
Orchid	兰花的紫色	#DA70D6	218,112,214
Thistle	蓟	#D8BFD8	216,191,216
Plum	李子	#DDA0DD	221,160,221
Violet	紫罗兰	#EE82EE	238,130,238
Magenta	洋红	#FF00FF	255,0,255
Fuchsia	灯笼海棠（紫红色）	#FF00FF	255,0,255
DarkMagenta	深洋红色	#8B008B	139,0,139
Purple	紫色	#800080	128,0,128
MediumOrchid	适中的兰花紫	#BA55D3	186,85,211
DarkVoilet	深紫罗兰色	#9400D3	148,0,211
DarkOrchid	深兰花紫	#9932CC	153,50,204
Indigo	靛青	#4B0082	75,0,130
BlueViolet	深紫罗兰的蓝色	#8A2BE2	138,43,226
MediumPurple	适中的紫色	#9370DB	147,112,219
MediumSlateBlue	适中的板岩暗蓝灰色	#7B68EE	123,104,238
SlateBlue	板岩暗蓝灰色	#6A5ACD	106,90,205
DarkSlateBlue	深岩暗蓝灰色	#483D8B	72,61,139
Lavender	熏衣草花的淡紫色	#E6E6FA	230,230,250
GhostWhite	幽灵的白色	#F8F8FF	248,248,255
Blue	纯蓝	#0000FF	0,0,255
MediumBlue	适中的蓝色	#0000CD	0,0,205
MidnightBlue	午夜的蓝色	#191970	25,25,112

英文代码	形象颜色	HEX 格式	RGB 格式
DarkBlue	深蓝	#00008B	0,0,139
Navy	海军蓝	#000080	0,0,128
RoyalBlue	皇军蓝	#4169E1	65,105,225
CornflowerBlue	矢车菊的蓝色	#6495ED	100,149,237
LightSteelBlue	淡钢蓝	#B0C4DE	176,196,222
LightSlateGray	浅石板灰	#778899	119,136,153
SlateGray	石板灰	#708090	112,128,144
DoderBlue	道奇蓝	#1E90FF	30,144,255
AliceBlue	爱丽丝蓝	#F0F8FF	240,248,255
SteelBlue	钢蓝	#4682B4	70,130,180
LightSkyBlue	淡天蓝	#87CEFA	135,206,250
SkyBlue	天蓝	#87CEEB	135,206,235
DeepSkyBlue	深天蓝	#00BFFF	0,191,255
LightBlue	淡蓝	#ADD8E6	173,216,230
PowDerBlue	火药蓝	#B0E0E6	176,224,230
CadetBlue	军校蓝	#5F9EA0	95,158,160
Azure	蔚蓝色	#F0FFFF	240,255,255
LightCyan	淡青色	#E1FFFF	225,255,255
PaleTurquoise	苍白的绿宝石	#AFEEEE	175,238,238
Cyan	青色	#00FFFF	0,255,255
Aqua	水绿色	#00FFFF	0,255,255
DarkTurquoise	深绿宝石	#00CED1	0,206,209
DarkSlateGray	深石板灰	#2F4F4F	47,79,79
DarkCyan	深青色	#008B8B	0,139,139
Teal	水鸭色	#008080	0,128,128
MediumTurquoise	适中的绿宝石	#48D1CC	72,209,204
LightSeaGreen	浅海洋绿	#20B2AA	32,178,170
Turquoise	绿宝石	#40E0D0	64,224,208
Auqamarin	绿玉/碧绿色	#7FFFAA	127,255,170
MediumAquamarine	适中的碧绿色	#00FA9A	0,250,154
MediumSpringGreen	适中的春绿色	#F5FFFA	245,255,250
MintCream	薄荷奶油	#00FF7F	0,255,127

英文代码	形象颜色	HEX 格式	RGB 格式
SpringGreen	春绿色	#3CB371	60,179,113
SeaGreen	海洋绿	#2E8B57	46,139,87
Honeydew	蜂蜜	#F0FFF0	240,255,240
LightGreen	淡绿色	#90EE90	144,238,144
PaleGreen	苍白的绿色	#98FB98	152,251,152
DarkSeaGreen	深海洋绿	#8FBC8F	143,188,143
LimeGreen	酸橙绿	#32CD32	50,205,50
Lime	酸橙色	#00FF00	0,255,0
ForestGreen	森林绿	#228B22	34,139,34
Green	纯绿	#008000	0,128,0
DarkGreen	深绿色	#006400	0,100,0
Chartreuse	查特酒绿	#7FFF00	127,255,0
LawnGreen	草坪绿	#7CFC00	124,252,0
GreenYellow	绿黄色	#ADFF2F	173,255,47
OliveDrab	橄榄土褐色	#556B2F	85,107,47
Beige	米色（浅褐色）	#6B8E23	107,142,35
LightGoldenrodYellow	浅秋麒麟黄	#FAFAD2	250,250,210
Ivory	象牙	#FFFFF0	255,255,240
LightYellow	浅黄色	#FFFFE0	255,255,224
Yellow	纯黄	#FFFF00	255,255,0
Olive	橄榄	#808000	128,128,0
DarkKhaki	深卡其布	#BDB76B	189,183,107
LemonChiffon	柠檬薄纱	#FFFACD	255,250,205
PaleGodenrod	灰秋麒麟	#EEE8AA	238,232,170
Khaki	卡其布	#F0E68C	240,230,140
Gold	金	#FFD700	255,215,0
Cornislk	玉米色	#FFF8DC	255,248,220
GoldEnrod	秋麒麟	#DAA520	218,165,32
FloralWhite	花的白色	#FFFAF0	255,250,240
OldLace	老饰带	#FDF5E6	253,245,230
Wheat	小麦色	#F5DEB3	245,222,179
Moccasin	鹿皮鞋	#FFE4B5	255,228,181

续表

英文代码	形象颜色	HEX 格式	RGB 格式
Orange	橙色	#FFA500	255,165,0
PapayaWhip	番木瓜	#FFEFD5	255,239,213
BlanchedAlmond	漂白的杏仁	#FFEBCD	255,235,205
NavajoWhite	Navajo 白	#FFDEAD	255,222,173
AntiqueWhite	古代的白色	#FAEBD7	250,235,215
Tan	晒黑	#D2B48C	210,180,140
BrulyWood	结实的树	#DEB887	222,184,135
Bisque	（浓汤）乳脂，番茄等	#FFE4C4	255,228,196
DarkOrange	深橙色	#FF8C00	255,140,0
Linen	亚麻布	#FAF0E6	250,240,230
Peru	秘鲁	#CD853F	205,133,63
PeachPuff	桃色	#FFDAB9	255,218,185
SandyBrown	沙棕色	#F4A460	244,164,96
Chocolate	巧克力	#D2691E	210,105,30
SaddleBrown	马鞍棕色	#8B4513	139,69,19
SeaShell	海贝壳	#FFF5EE	255,245,238
Sienna	黄土赭色	#A0522D	160,82,45
LightSalmon	浅鲜肉（鲑鱼）色	#FFA07A	255,160,122
Coral	珊瑚	#FF7F50	255,127,80
OrangeRed	橙红色	#FF4500	255,69,0
DarkSalmon	深鲜肉（鲑鱼）色	#E9967A	233,150,122
Tomato	番茄	#FF6347	255,99,71
MistyRose	薄雾玫瑰	#FFE4E1	255,228,225
Salmon	鲜肉（鲑鱼）色	#FA8072	250,128,114
Snow	雪	#FFFAFA	255,250,250
LightCoral	淡珊瑚色	#F08080	240,128,128
RosyBrown	玫瑰棕色	#BC8F8F	188,143,143
IndianRed	印度红	#CD5C5C	205,92,92
Red	纯红	#FF0000	255,0,0
Brown	棕色	#A52A2A	165,42,42
FireBrick	耐火砖	#B22222	178,34,34
DarkRed	深红色	#8B0000	139,0,0

续表

英文代码	形象颜色	HEX 格式	RGB 格式
Maroon	栗色	#800000	128,0,0
White	纯白	#FFFFFF	255,255,255
WhiteSmoke	白烟	#F5F5F5	245,245,245
Gainsboro	Gainsboro	#DCDCDC	220,220,220
LightGrey	浅灰色	#D3D3D3	211,211,211
Silver	银白色	#C0C0C0	192,192,192
DarkGray	深灰色	#A9A9A9	169,169,169
Gray	灰色	#808080	128,128,128
DimGray	暗淡的灰色	#696969	105,105,105
Black	纯黑	#000000	0,0,0